もくじ

教育出版版　数学1年

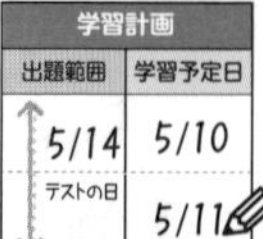

テストの範囲や学習予定日をかこう！

1章 整数の性質

1節 整数の性質

テストに出る! 教科書のココが要点

さらっとまとめ (赤シートを使って，□に入るものを考えよう。)

1 素因数分解 教 p.16～p.18

・整数のうち，0 を除く 1，2，3，4，5，……を 自然数 という。

・1 とその数自身の積の形でしか表せない自然数を 素数 という。
ただし，1 は素数には入れない。 例 2，3，5，7，11，13，……は素数。

・自然数をいくつかの素数の積の形で表すとき，その 1 つ 1 つの数を，もとの自然数の 素因数 という。

・自然数を素因数だけの積の形に表すことを，自然数を 素因数分解 するという。
例 42 を素因数分解すると $42=2\times3\times7$ ここで 2，3，7 は 42 の素因数。

・素因数分解…右のように，数を商が素数になるまで素数で次々にわっていくと，すべての素因数が求められ，60 は次のように素因数分解できる。

$60=2\times$ 2 $\times$ 3 $\times$ 5

```
2) 60
2) 30
3) 15
    5
```

2 累乗 教 p.18

・2×2 や $2\times2\times2$ のように，同じ数をいくつかかけるとき，2×2 は 2^2，$2\times2\times2$ は 2^3 のように表し，2^2 を 2 の 2 乗，2^3 を 2 の 3 乗 と読む。2 乗，3 乗などをまとめて累乗といい，右上に小さく書いた数は，かけた 個数 を示し，累乗の 指数 という。

・2 乗のことを 平方，3 乗のことを 立方 ということもある。

スピード確認 (□に入るものを答えよう。答えは，下にあります。)

1

□ 1 以上の整数を ① という。
★自然数に 0 は入らない。

□ 2 以上の自然数で，1 とその数以外に約数をもたない数を ② という。

□ 1，2，5，9 のうち，素数は ③ である。

□ 70 を素因数分解すると ④ である。

2

(1) 次の数を累乗の指数を使って表しなさい。

□ $3\times3\times3$…⑤　　□ $5\times5\times5\times5\times5$…⑥

(2) 次の数を素因数分解し，累乗の指数を使って表しなさい。

□ 40…⑦　　□ 90…⑧

★同じ数の積は累乗の指数を使って表す。

①

②

③

④

⑤

⑥

⑦

⑧

答 ①自然数 ②素数 ③2，5 ④$2\times5\times7$ ⑤$3^3$ ⑥$5^5$ ⑦$2^3\times5$ ⑧$2\times3^2\times5$

テストに出る！

予想問題　1章 整数の性質　1節 整数の性質

20分　/10問中

1 素数　30 以下の自然数のうち，素数をすべて求めなさい。

2 よく出る　素因数分解　次の数を素因数分解し，累乗の指数を使って表しなさい。

(1)　81　　(2)　168

(3)　180　　(4)　525

3 約数　素因数分解を利用して，次の数の約数をすべて求めなさい。

(1)　36　　(2)　84

4 最小公倍数・最大公約数　素因数分解を利用して，165 と 315 の最小公倍数と最大公約数を求めなさい。

5 素因数分解の活用　次の問いに答えなさい。

(1)　360 にできるだけ小さな自然数をかけて，その積がある自然数の 2 乗になるようにします。どんな数をかければよいですか。また，どんな数の 2 乗になりますか。

(2)　216 を自然数でわって，その商が自然数の 2 乗になるようにします。どんな数でわればよいですか。すべて答えなさい。

5 (1)　360 を素因数分解して累乗の指数を使って表したとき，2 乗の形になっていない部分に注目する。

2章 正の数，負の数

1節 正の数，負の数

テストに出る！ 教科書のココが要点

さらっとまとめ（赤シートを使って，□に入るものを考えよう。）

1 符号のついた数 教 p.26〜p.29

・0より大きい数を 正の数 ，0より小さい数を 負の数 といい，＋を 正 の符号，－を 負 の符号という。 例 ＋3 →「プラス3」，－7 →「マイナス7」と読む。

・収入と支出のように反対の性質や反対の方向をもつ数量は，基準を決めて，その基準を0とし，一方を正の符号を使って表すと，もう一方は負の符号を使って表すことができる。

例 －5 km 南⇔＋5 km 北　－10 cm 高い⇔＋10 cm 低い　－100 円の損失⇔＋100 円の利益

2 2数の大小と絶対値 教 p.30〜p.33

・不等号 小 ＜ 大　大 ＞ 小　※3つの数のときは，小 ＜ 中 ＜ 大

・数直線上で，ある数に対応する点と原点との距離を，その数の 絶対値 という。

・絶対値が a である数は $+a$ と $-a$ の2つある。0の絶対値は 0 である。

スピード確認（□に入るものを答えよう。答えは，下にあります。）

1

□ －17 のように 0 より小さい数を ① という。

□ ＋5 のように 0 より大きい数を ② という。

□ 400 円の利益を ＋400 円と表すとき，400 円の損失を ③ と表す。
★利益と損失は反対の性質を表している。

□ 南北にのびる道路で，南へ 200 m 進むことを ＋200 m と表すとき，北へ 200 m 進むことを ④ と表す。

2

□ 下の数直線について，答えなさい。

←負の方向　小さくなる　⑤　大きくなる　正の方向→

－4　⑥　－2　－1　0　＋1　⑦　＋3　＋4

□ 各組の数の大小を，不等号を使って表しなさい。

＋2 ⑧ －3　　　－4 ⑨ －1

★数の大小は，数直線をイメージして考えるとよい。

□ ＋2 の絶対値は ⑩ で，－7 の絶対値は ⑪ である。
★絶対値を考えるときは，その数の符号を取り除けばよい。

□ 絶対値が 3 である数は ⑫ である。
★ 0 を除いて，絶対値が等しくなる数は 2 つある。

①＿＿＿＿
②＿＿＿＿
③＿＿＿＿
④＿＿＿＿
⑤＿＿＿＿
⑥＿＿＿＿
⑦＿＿＿＿
⑧＿＿＿＿
⑨＿＿＿＿
⑩＿＿＿＿
⑪＿＿＿＿
⑫＿＿＿＿

答 ①負の数 ②正の数 ③－400円 ④－200 m ⑤原点 ⑥－3 ⑦＋2 ⑧＞ ⑨＜ ⑩2 ⑪7 ⑫＋3，－3

基礎力UP テスト対策問題

1 符号のついた数　次の数量を，正の符号，負の符号を使って表しなさい。

(1) いまを基準にして，いまから 2 時間後の時刻を +2 時間と表すとき，いまから 3 時間前の時刻。

(2) ある品物の重さを基準にして，それより 5 kg 軽い品物の重さを −5 kg と表すとき，ある品物の重さより 12 kg 重い品物の重さ。

2 数直線　次の問いに答えなさい。

(1) 下の数直線で，A～D の各点に対応する数を答えなさい。また，次の数に対応する点を表しなさい。

+4，−3，+2.5，−4.5

D(　　)　C(　　)　B(　　)　A(　　)

−5　0　+5

(2) −2.7 に最も近い整数を答えなさい。

(3) 次の各組の数の大小を，不等号を使って表しなさい。

① +2，−7　② −3，−5

③ +5，−7，−4　④ −0.1，−1，+0.01

3 絶対値　次の問いに答えなさい。

(1) 次の数の絶対値を答えなさい。

① −9　② +2.5

③ −7.2　④ −3.8

(2) 絶対値が 5 になる数を答えなさい。

(3) 絶対値が 4.5 より小さい整数は全部で何個ありますか。

テスト対策ナビ

1 反対の性質を表しているので，+，−の符号をつけて表せる。

(1) 「後」⇔「前」

(2) 「軽い」⇔「重い」

ポイント

整数や小数，分数は数直線上の点で表すことができ，右側にある数ほど大きくなっている。

ミス注意！

3 つの数の大小を不等号で表すときは，「㊗<㊥<㊦」または「㊦>㊥>㊗」と表す。

負の数の大小や絶対値の問題は数直線をかいて判断しよう。

解答 p.2

テストに出る！ 予想問題

2章 正の数，負の数
1節 正の数，負の数

20分

/12問中

1 よく出る 正の数，負の数 次の問いに答えなさい。

(1) 0°C より高い温度を正の符号，低い温度を負の符号を使って表しなさい。

① 0°C より 6°C 低い温度　② 0°C より 3.5°C 高い温度

(2) A地点を基準にして，それより東へ 500 m の地点を ＋500 m と表すことにすれば，次の数量はどの地点を表しますか。

① ＋800 m　② −300 m

2 数の大小 次の各組の数の大小を，不等号を使って表しなさい。

(1) −5，＋3　(2) −4，−4.5

(3) ＋0.4，0，−0.04　(4) $-\frac{1}{4}$，$-\frac{2}{5}$

3 数直線と絶対値 次の 8 つの数について，下の問いに答えなさい。

-2　$+\frac{2}{3}$　-2.3　0　$-\frac{5}{2}$　$+2$　-0.8　$+1.5$

(1) 最も小さい数を答えなさい。

(2) 絶対値が等しいものはどれとどれですか。

(3) 絶対値が小さいほうから 2 番目の数を答えなさい。

(4) 絶対値が 1 より小さい数は全部で何個ありますか。

3 分数は小数に直して考える。 $+\frac{2}{3}=+0.66\cdots$　$-\frac{5}{2}=-2.5$

2節 加法と減法　3節 乗法と除法　4節 正の数，負の数の活用

テストに出る！ 教科書のココが要点

さらっとまとめ（赤シートを使って，□に入るものを考えよう。）

1 加法と減法 教 p.34～p.45

・加法　同符号の2つの数の和は，絶対値の 和 に2数に共通の符号をつける。
　　　　異符号の2つの数の和は，絶対値の 差 に，絶対値の大きい数の符号をつける。

・減法は，ひく数の 符号 を変えて，加法に直してから計算する。

例 $3-(+2)=3+(-2)$　　$3-(-2)=3+(+2)$

・加法と減法の混じった式の計算は，項を並べた式にしてから計算する。

2 乗法と除法 教 p.46～p.55

・積の符号　負の数が偶数個→ ＋　例 $(-2)\times(-3)\times4=+24$
　　　　　　負の数が奇数個→ －　例 $(-2)\times(-3)\times(-4)=-24$

3 四則の混じった式の計算 教 p.56～p.59

・かっこの中や累乗の計算 ⇒ 乗法や除法の計算 ⇒ 加法や減法の計算

スピード確認（□に入るものを答えよう。答えは，下にあります。）

1

□ $(-2)+(-5)=-(2+5)=$ ①

★同符号の2数の和は，絶対値の和に共通の符号をつける。

□ $(-2)+(+5)=+(5-2)=$ ②

★異符号の2数の和は，絶対値の大きいほうから小さいほうをひき，絶対値の大きい数の符号をつける。

□ $(+4)-(+7)=(+4)+(-7)=-(7-4)=$ ③

□ $2+(-6)-8-(-3)=2-6-8$ ④
$=2+3-6-8=5-$ ⑤ $=$ ⑥

2

□ $(-2)\times(-5)=+(2\times5)=$ ⑦

★2数の積の符号　$(+)\times(+)\to(+)$　$(-)\times(-)\to(+)$　$(+)\times(-)\to(-)$　$(-)\times(+)\to(-)$

□ $(-4)\times(-13)\times(-5)=-(4\times5\times13)=$ ⑧

□ $(-2)^2=$ ⑨　□ $-2^2=$ ⑩　□ $(-2)^3=$ ⑪

★$(-2)^2=(-2)\times(-2)$　★$-2^2=-(2\times2)$　★$(-2)^3=(-2)\times(-2)\times(-2)$

□ $(-10)\div(-5)=+(10\div5)=$ ⑫

★2数の商の符号　$(+)\div(+)\to(+)$　$(-)\div(-)\to(+)$　$(+)\div(-)\to(-)$　$(-)\div(+)\to(-)$

①
②
③
④
⑤
⑥
⑦
⑧
⑨
⑩
⑪
⑫

答 ①-7　②$+3$ (3)　③-3　④$+3$　⑤14　⑥-9
⑦$+10$ (10)　⑧-260　⑨$+4$ (4)　⑩-4　⑪-8　⑫$+2$ (2)

解答 p.2

基礎力UP テスト対策問題

1 加法と減法　次の計算をしなさい。

(1)　$(-8)+(+3)$　　(2)　$(-6)-(-4)$

(3)　$(+5)+(-8)+(+6)$　　(4)　$-6-(+5)+(-11)$

(5)　$-9+3+(-7)-(-5)$　　(6)　$2-8-4+6$

2 乗法　次の計算をしなさい。

(1)　$(+8)\times(+6)$　　(2)　$(-4)\times(-12)$

(3)　$(-5)\times(+7)$　　(4)　$\left(-\frac{3}{5}\right)\times15$

3 累乗を使って表す　次の積を，累乗の指数を使って表しなさい。

(1)　$8\times8\times8$　　(2)　$(-1.5)\times(-1.5)$

4 累乗の計算　次の計算をしなさい。

(1)　$(-3)^3$　　(2)　-2^4

(3)　$(-5)\times(-5^2)$　　(4)　$(5\times2)^3$

5 逆数　次の数の逆数を求めなさい。

(1)　$-\frac{1}{10}$　　(2)　$\frac{17}{5}$　　(3)　-21　　(4)　0.6

6 除法　次の計算をしなさい。

(1)　$(+54)\div(-9)$　　(2)　$(-72)\div(-6)$

(3)　$(-8)\div(+36)$　　(4)　$18\div\left(-\frac{6}{5}\right)$

テスト対策ナビ

ポイント

■$+(+$●$)=$■$+$●
■$+(-$●$)=$■$-$●
■$-(+$●$)=$■$-$●
■$-(-$●$)=$■$+$●

乗法や除法だけの式の計算は，まず符号から考えよう。

絶対に覚える!

累乗　←指数
$(-4)^2=(-4)\times(-4)$
⇒-4を2個かけ合わせる。

$-4^2=-(4\times4)$
⇒4を2個かけ合わせる。

小数は分数に直してから逆数を考えるよ。

解答 p.3

テストに出る！

予想問題 ① 2章 正の数，負の数 2節 加法と減法

🕓20分 /13問中

1 よく出る 加法と減法 次の計算をしなさい。

(1) $(+9)+(+13)$

(2) $(-11)-(-27)$

(3) $(-7.5)+(-2.1)$

(4) $\left(+\frac{2}{3}\right)-\left(+\frac{1}{2}\right)$

(5) $-7+(-9)-(-13)$

(6) $6-8-(-11)+(-15)$

(7) $-5.2+(-4.8)+5$

(8) $4-(-3.2)+\left(-\frac{2}{5}\right)$

(9) $2-0.8-4.7+6.8$

(10) $-1+\frac{1}{3}-\frac{5}{6}+\frac{3}{4}$

2 表の読みとり 下の表は，A～Fの6人の生徒の身長を，160 cm を基準にして，それより高い場合を正の数，低い場合を負の数で表したものです。

生徒	A	B	C	D	E	F
基準との差	+3	−2	0	+8	−4	−6

(1) Aの身長は何 cm ですか。

(2) 身長が最も高い生徒と身長が最も低い生徒の身長の差は何 cm ですか。

(3) Dの身長を基準にしたとき，Eの身長と基準との差を，Dより高い場合を正の数，低い場合を負の数で表しなさい。

1 負の数をたしたり，ひいたりするときに，符号のミスが起こりやすいから注意しよう。
(5) $-7\underline{+(-}9)\underline{-(-}13)=-7\underline{-}9\underline{+}13$

テストに出る！

予想問題 ②　2章 正の数，負の数　3節 乗法と除法

20分　/20問中

1 よく出る 乗法　次の計算をしなさい。

(1) $(+15)\times(-8)$　(2) $(+0.4)\times(-2.3)$

(3) $0\times(-3.5)$　(4) $\left(-\frac{2}{3}\right)\times\left(-\frac{3}{4}\right)$

2 計算の工夫　次の計算をしなさい。

(1) $4\times(-17)\times(-5)$　(2) $13\times(-25)\times4$

(3) $-3\times(-8)\times(-125)$　(4) $18\times23\times\left(-\frac{1}{6}\right)$

3 よく出る 除法　次の計算をしなさい。

(1) $(-108)\div12$　(2) $0\div(-13)$

(3) $\left(-\frac{35}{8}\right)\div(-7)$　(4) $\left(-\frac{4}{3}\right)\div\frac{2}{9}$

4 よく出る 乗法と除法の混じった式の計算　次の計算をしなさい。

(1) $9\div(-6)\times(-8)$　(2) $(-96)\times(-2)\div(-12)$

(3) $-5\times16\div\left(-\frac{5}{8}\right)$　(4) $18\div\left(-\frac{3}{8}\right)\times\left(-\frac{5}{16}\right)$

(5) $\left(-\frac{3}{4}\right)\times\frac{8}{3}\div0.2$　(6) $-\frac{9}{7}\times\left(-\frac{21}{4}\right)\div\frac{27}{14}$

(7) $(-3)\div(-12)\times32\div(-4)$　(8) $(-20)\div(-15)\times(-3^2)$

成績UPナビ

3 (3)(4)　わる数を逆数にして，乗法に直してから計算する。

4 乗法と除法の混じった式は，乗法だけの式に直して計算するとよい。

テストに出る！

予想問題 ③

2章 正の数，負の数
3節 乗法と除法　4節 正の数，負の数の活用

20分　/16問中

1 よく出る　四則の混じった式の計算　次の計算をしなさい。

(1) $4-(-6)\times(-8)$

(2) $-7-24\div(-8)$

(3) $6\times(-5)-(-20)$

(4) $(-1.2)\times(-4)-(-6)$

(5) $6.3\div(-4.2)-(-3)$

(6) $\frac{6}{5}+\frac{3}{10}\times\left(-\frac{2}{3}\right)$

(7) $\frac{6}{7}\div\frac{3}{14}-\left(-\frac{7}{8}\right)\times\left(-\frac{8}{9}\right)$

(8) $\frac{3}{4}\div\left(-\frac{2}{7}\right)-\left(-\frac{3}{2}\right)\times\frac{5}{4}$

2 数の集合　右の図は，集合として，自然数，整数，数全体の関係を表したものです。次の数は，㋐～㋒のどこにあてはまりますか。記号で答えなさい。

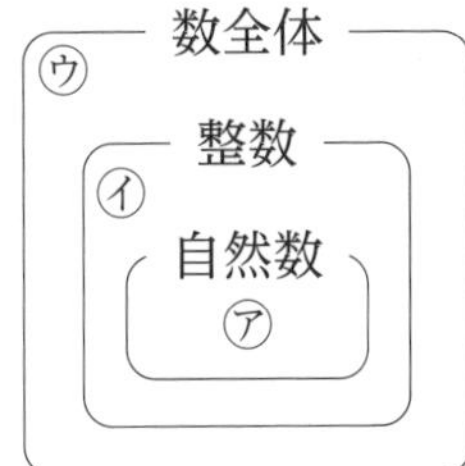

(1) -2　(2) 5　(3) 0.2　(4) $-\frac{2}{3}$　(5) 0

3 正の数，負の数の活用　右の表は，A，B，C，Dの4人の生徒が使ったノートの冊数を，クラスの人全員が使ったノートの冊数の平均を基準にして，それより多い場合を正の数，少ない場合を負の数で表したものです。Aが使ったノートの冊数を21冊とするとき，次の問いに答えなさい。

生徒	A	B	C	D
クラスの平均との差	-4	0	$+2$	-6

(1) Aが使ったノートの冊数は，Cが使ったノートの冊数より何冊多いですか。

(2) 使った冊数が最も多い人と最も少ない人の冊数の差は何冊ですか。

(3) A，B，C，Dの4人が使ったノートの冊数の平均を求めなさい。

2「自然数」は「正の整数」のこと。「整数」は「負の整数」，「0」，「正の整数」のこと。それ以外の数は「数全体」に分類する。

テストに出る！

章末予想問題 2章 正の数，負の数

30分

/100点

1 次の問いに答えなさい。 4点×2〔8点〕

(1) いまから5分後の時刻を $+5$ 分と表すことにするとき，いまから10分前の時刻はどのように表されますか。

(2) 「-2 万円の収入」を，正の符号を使って表しなさい。

2 次の計算をしなさい。 4点×4〔16点〕

(1) $(-8)+(-5)-(-6)$

(2) $6-(-2)-11-(+7)$

(3) $-\frac{2}{5}-0.6-\left(-\frac{5}{7}\right)$

(4) $-1.5+\frac{1}{3}-\frac{1}{2}+\frac{1}{4}$

3 次の計算をしなさい。 4点×12〔48点〕

(1) $(-2)\times(-5)^2$

(2) $(-81)\div(-3^3)$

(3) $-12\div18\times(-4)$

(4) $-2^2\div(-1)^3\times(-3)$

(5) $4\times(-3)^2-32\div(-2)^3$

(6) $(-4)^2-4^2\times3$

(7) $-24\div\{(-3)^2-(8-11)\}$

(8) $16-(9-13)\times(-7)$

(9) $-\frac{2}{3}\times(-12)-(-3)\div\frac{1}{2}$

(10) $-1.4+\left(-\frac{3}{5}+\frac{1}{3}\right)\div\left(-\frac{2}{3}\right)$

(11) $15\times\left(\frac{2}{3}-\frac{3}{5}\right)$

(12) $3\times(-18)+3\times(-32)$

解答 p.4

満点ゲット作戦
四則計算のしかたを整理しておこう。累乗の計算は，どの数を何個かけ合わせるのか確かめよう。例 $-4^2=-(4\times4)$

4 右の表で，縦，横，斜めに並んだ3つの数の和がすべて等しくなるようにします。 7点×2〔14点〕

+2		
	−1	
	+3	−4

(1) 右の表を完成させなさい。

(2) 表の中の9つの数の和を求めなさい。

5 差がつく 下の表は，A～Hの8人の生徒のテストの得点を，60点を基準にして，それより高い場合を正の数，低い場合を負の数で表したものです。 7点×2〔14点〕

生徒	A	B	C	D	E	F	G	H
基準との差	+6	−8	+18	−5	0	−15	+11	−3

(1) 8人の得点について，基準との差の平均を求めなさい。

(2) 8人の得点の平均を求めなさい。

1	(1)	(2)	
2	(1)	(2)	(3)
	(4)		
3	(1)	(2)	(3)
	(4)	(5)	(6)
	(7)	(8)	(9)
	(10)	(11)	(12)
4	(1)	(2)	
5	(1)	(2)	

(1)

+2		
	−1	
	+3	−4

まちがえたら，解き直そう！

1	/8点	2	/16点	3	/48点	4	/14点	5	/14点

3章 文字と式

1節 文字を使った式

テストに出る！ 教科書のココが要点

さらっとまとめ（赤シートを使って，□に入るものを考えよう。）

1 式の表し方 教 p.74〜p.78

・積の表し方…1 乗法の記号 × をはぶく。 例 $2\times x=2x$

2 文字と数の積では，数を文字の 前 に書く。 例 $y\times 5=5y$

3 同じ文字の積は，累乗の 指数 を使って表す。 例 $a\times a=a^2$

・商の表し方…除法の記号 ÷ は使わないで，分数の形で書く。 例 $x\div 5=\frac{x}{5}$

注 $x\div 5$ は $x\times\frac{1}{5}$ と同じことだから，$\frac{x}{5}$ は $\frac{1}{5}x$ と表すこともできる。

2 式の値 教 p.79〜p.80

・式の値…式の中の文字に数を 代入 して計算した結果のこと。

スピード確認（□に入るものを答えよう。答えは，下にあります。）

1

(1) 次の式を，×，÷の記号を使わないで表しなさい。

□ $b\times 3\times a=$ ①　□ $(x+y)\times(-2)=$ ②

□ $x\times y\times y\times y=$ ③　□ $x\div(-4)=$ ④

□ $a\times 3-5=$ ⑤　□ $x\times 0.2-4\times y=$ ⑥

(2) 次の数量を式で表しなさい。

□ 1個 x 円のりんごを7個買い，1000円出したときのおつりは（⑦）円である。

□ 周囲の長さが a cm である正方形の1辺の長さは ⑧ cm である。

□ x kg の荷物を y g の箱に詰めたときの全体の重さは（⑨）kg である。★単位をそろえる。y g$=0.001y$ kg $\left[\frac{1}{1000}y \text{ kg または } \frac{y}{1000} \text{ kg}\right]$

2

$x=-3$ のとき，次の式の値を求めなさい。

□ $2x-5$…⑩　★$2x-5=2\times(-3)-5$

□ $3-4x$…⑪　★$3-4\times(-3)=3+12$

□ $-\frac{6}{x}$…⑫　★$-\frac{6}{x}=-\frac{6}{-3}=+\frac{6}{3}$

□ $4x^2$…⑬　★$4x^2=4\times(-3)^2=4\times(-3)\times(-3)$

①＿＿ ②＿＿ ③＿＿ ④＿＿ ⑤＿＿ ⑥＿＿ ⑦＿＿ ⑧＿＿ ⑨＿＿ ⑩＿＿ ⑪＿＿ ⑫＿＿ ⑬＿＿

答 ①$3ab$ ②$-2(x+y)$ ③xy^3 ④$-\frac{x}{4}$ ⑤$3a-5$ ⑥$0.2x-4y$ ⑦$1000-7x$ ⑧$\frac{a}{4}$ ⑨$x+0.001y$ ⑩-11 ⑪15 ⑫2 ⑬36

解答 p.5

基礎力UP テスト対策問題

1 式の表し方　次の式を，×，÷の記号を使わないで表しなさい。

(1)　$y\times x\times(-1)$　　(2)　$a\times a\times b\times a\times b$

(3)　$4\times x+2$　　(4)　$7-5\times x$

(5)　$(x-y)\times 5$　　(6)　$(x-y)\div 5$

2 数量の表し方　次の数量を式で表しなさい。

(1)　1 個 x 円のケーキを 4 個買い，50 円の箱に入れてもらったときの代金

(2)　x km の道のりを 2 時間かけて進んだときの速さ

(3)　a 個のみかんを 12 人の子どもに b 個ずつ配ったときに残ったみかんの個数

(4)　x と y の差の 8 倍

3 数量の表し方　次の数量を，〔　〕の中の単位を使った式で表しなさい。

(1)　a m のリボンから b cm のリボンを切り取ったとき，残ったリボンの長さ〔cm〕

(2)　時速 y km で 7 分間走ったときに進む道のり〔km〕

4 数量の表し方　次の数量を式で表しなさい。

(1)　x 人の 21 % の人数　　(2)　a 円の 9 割の金額

5 式の値　$a=\frac{1}{3}$ のとき，次の式の値を求めなさい。

(1)　$12a-2$　　(2)　$-a^2$　　(3)　$\frac{a}{9}$

テスト対策ナビ

ミス注意！

■$(x-y)\times 3$
$=3(x-y)$
かっこはそのまま

■$(x-y)\div 3$
$=\frac{x-y}{3}$
かっこはつけない
※$\frac{1}{3}(x-y)$ とも表せる。

2 (2)（速さ）=(道のり)÷(時間)

a m$=100a$ cm,
7 分$=\frac{7}{60}$ 時間に
なるね。

思い出そう！
割合
1 %…0.01
1 割…0.1

5 (3) 次のように考えてから，代入する。
$\frac{a}{9}=\frac{1}{9}a=\frac{1}{9}\times a$

テストに出る！
予想問題　3章 文字と式　1節 文字を使った式

20分　/18問中

1 よく出る　式の表し方　次の式を，×，÷の記号を使わないで表しなさい。

(1) $x\times(-5)$　　(2) $5a\div2$

(3) $a\div3\times b\times b$　　(4) $x\div y\div4$

2 ×や÷を使った式　次の式を，×や÷の記号を使って表しなさい。

(1) $2ab^2$　　(2) $\dfrac{x}{3}$

(3) $-6(x-y)$　　(4) $a-\dfrac{b}{5}$

3 よく出る　数量の表し方　次の数量を式で表しなさい。

(1) 300 ページの本を毎日 10 ページずつ m 日読んだときの残りのページ数

(2) 50 円切手を x 枚と 100 円切手を y 枚買ったときの代金の合計

(3) x と y の和を 5 でわった数

4 式の値　$a=-5$，$b=3$ のとき，次の式の値を求めなさい。

(1) $-2a-10$　　(2) $3+(-a)^2$　　(3) $-\dfrac{a}{8}$

(4) $2a-4b$　　(5) a^2-2b^2

5 式の値　右の図の直方体について，体積を式で表しなさい。
また，$a=4$ のときの体積を求めなさい。

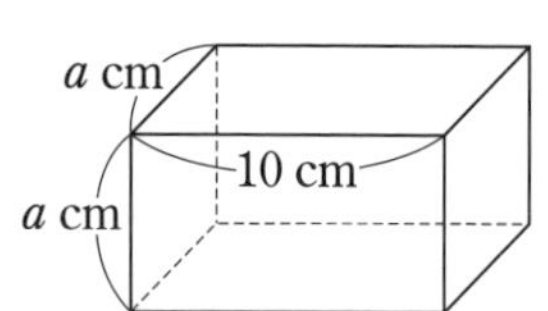

4 負の数を代入するときは，(　) をつけて代入する。
5 直方体の体積は，(縦)×(横)×(高さ) で求められる。

2節 文字を使った式の計算　3節 文字を使った式の活用　4節 数量の関係を表す式

テストに出る！ 教科書のココが要点

さらっとまとめ（赤シートを使って，□に入るものを考えよう。）

1 式の計算 教 p.84〜p.92

・係数…$2x$ のような文字をふくむ項で，数の部分のこと。

・1次式の加法，減法…文字が同じ項どうし，数の項どうしを，それぞれまとめる。

・項が1つの1次式と数の乗法…数どうしの積に文字をかける。

例 $3x\times2=3\times x\times2=3\times2\times x=6x$

・1次式と数の乗法…［分配法則］を使って計算する。

$a(b+c)=$［$ab+ac$］　$(a+b)c=$［$ac+bc$］

・項が1つの1次式を数でわる除法…［分数］の形にするか，わる数の［逆数］をかける。

例 $6x\div2=\dfrac{6x}{2}=3x$ または $6x\div2=6x\times\dfrac{1}{2}=3x$

・1次式を数でわる除法…［分数］の形にするか，わる数の［逆数］をかける。

例 $(6x+4)\div2=\dfrac{6x+4}{2}=\dfrac{6x}{2}+\dfrac{4}{2}=3x+2$

$(6x+4)\div2=(6x+4)\times\dfrac{1}{2}=6x\times\dfrac{1}{2}+4\times\dfrac{1}{2}=3x+2$

2 関係の表し方 教 p.96〜p.98

・等式…等号（=）を使って，数量の等しい関係を表した式。

・不等式…不等号（>，<，≧，≦）を使って，数量の大小関係を表した式。

スピード確認（□に入るものを答えよう。答えは，下にあります。）

1

□ $4a-9a=$［①］　□ $2x-7+3x+5=$［②］

□ $(5x-3)+(-x-4)=5x-3-x-4=$［③］

□ $(-3a+2)-(4a-7)=-3a+2-4a+7=$［④］

★ひく式のすべての項の符号を変えて加える。

□ $(-4)\times(-7x)=$［⑤］　□ $-2(3a-4)=$［⑥］

□ $18x\div9=$［⑦］　□ $(6x-8)\div2=$［⑧］

□ $6\times\dfrac{2x-3}{3}=$［⑨］　★$6\times\dfrac{2x-3}{3}=\dfrac{\overset{2}{\cancel{6}}\times(2x-3)}{\underset{1}{\cancel{3}}}=2(2x-3)$ と考える。

□ $4(x-2)+3(2x-1)=4x-8+6x-3=$［⑩］

①　
②　
③　
④　
⑤　
⑥　
⑦　
⑧　
⑨　
⑩　

答 ①$-5a$　②$5x-2$　③$4x-7$　④$-7a+9$　⑤$28x$　⑥$-6a+8$　⑦$2x$　⑧$3x-4$　⑨$4x-6$　⑩$10x-11$

解答 p.6

基礎力UP テスト対策問題

1 1次式の加法，減法　次の計算をしなさい。

(1) $8x+5x$　(2) $2y-3y$

(3) $7x+1-6x-5$　(4) $4-\frac{5}{2}a+3a-8$

(5) $(7a-4)+(9a+1)$　(6) $(6x-5)-(-3x+8)$

2 1次式と数の乗法　次の計算をしなさい。

(1) $8a\times6$　(2) $6\times\frac{1}{6}y$

(3) $7(x+2)$　(4) $(4x-1)\times(-2)$

(5) $\frac{1}{4}(8x-4)$　(6) $\left(\frac{1}{2}x-\frac{2}{3}\right)\times6$

3 1次式と数の除法　次の計算をしなさい。

(1) $15x\div5$　(2) $3m\div18$

(3) $(35x-28)\div7$　(4) $(-120x+280)\div40$

4 かっこのついた式の計算　次の計算をしなさい。

(1) $2(4x-10)+3(2x+9)$　(2) $5(-2x+1)-3(3x-1)$

5 数量の関係を表す式　次の数量の関係を式で表しなさい。

(1) 毎分 a L ずつ 30 分間水を入れていくと，b L たまった。

(2) 毎分 x L ずつ y 分間水を入れていくと，100 L 以上たまった。

テスト対策ナビ

文字の部分と数の部分をそれぞれまとめるけれど，文字と数の部分をまとめることはできなかったね。

絶対に覚える!

分配法則

$a(b+c)=ab+ac$

$(a+b)c=ac+bc$

約分できるときは，必ず約分しよう。

思い出そう!

等式

$3x+5y=750$

左辺　右辺

両辺

解答 p.6

テストに出る！

予想問題 ① 3章 文字と式 2節 文字を使った式の計算

20分 /18問中

1 よく出る 項と係数　次の式の項と，文字をふくむ項の係数を答えなさい。

(1) $3a-5b$

(2) $-2x+\frac{y}{3}$

2 よく出る 1次式の加法，減法　次の計算をしなさい。

(1) $3a+7a$

(2) $8b-12b$

(3) $5a-2-4a+3$

(4) $\frac{b}{4}-3+\frac{b}{2}$

(5) $(3x+6)+(-4x-7)$

(6) $(-2x+4)-(3x+4)$

(7) $(7x-4)+(-2x+4)$

(8) $(-4x-5)-(4x+2)$

(9)
$$\begin{array}{r} 5x-7 \\ +)\ -2x+3 \\ \hline \end{array}$$

(10)
$$\begin{array}{r} -3a-8 \\ -)\ -5a+9 \\ \hline \end{array}$$

3 1次式の加法，減法　次の2つの式を加えた和を求めなさい。また，左の式から右の式をひいた差を求めなさい。

$9x+1,\ -6x-3$

4 項が1つの1次式と数の乗法　次の計算をしなさい。

(1) $3x\times(-2)$

(2) $-8\times2y$

1 (1) 項は $3a-5b=3a+(-5b)$ と和の形にして考える。

2 係数が1や-1の項($1\times a$や$-1\times a$)は，aや$-a$のように書く。

テストに出る！

予想問題 ② 3章 文字と式 2節 文字を使った式の計算

20分　/20問中

1 よく出る　1次式と数の乗法，除法　次の計算をしなさい。

(1) $8(3a-7)$　(2) $-(2m-5)$

(3) $\frac{1}{4}(-4x+2)$　(4) $\left(\frac{5}{6}x-\frac{3}{4}\right)\times(-12)$

(5) $12a\div(-6)$　(6) $-4b\div 8$

(7) $(-6x)\div\left(-\frac{3}{14}\right)$　(8) $\frac{3}{4}y\div\left(-\frac{7}{16}\right)$

(9) $(-12x-9)\div 3$　(10) $(21y-14)\div 7$

(11) $(20a-85)\div(-5)$　(12) $(15m-3)\div(-3)$

(13) $(-18)\times\frac{4a-5}{3}$　(14) $\frac{9x+2}{3}\times 15$

2 よく出る　かっこのついた式の計算　次の計算をしなさい。

(1) $3(2x-3)+2(5x+4)$　(2) $-2(4-3x)+3(2x-5)$

(3) $4(-3x+1)-8(-3x+2)$　(4) $-2(8-3x)-5(4x+7)$

(5) $\frac{1}{3}(6x-12)+\frac{3}{4}(8x-4)$　(6) $8\left(\frac{5}{2}x-1\right)-4\left(-x+\frac{3}{2}\right)$

1 (13) 先に約分して $(-6)\times(4a-5)$ を計算する。(14)も同様に考える。
2 分配法則を使ってかっこをはずしてから計算する。

解答 p.7

テストに出る！

予想問題 ③

3章 文字と式
3節 文字を使った式の活用　4節 数量の関係を表す式

20分

/10問中

1 数量の表し方　下の図のように，マッチ棒を並べて正三角形をつくります。

(1) 正三角形を5個つくるとき，マッチ棒は何本必要ですか。

(2) 正三角形を n 個つくるとき，次のような方法で考えて，必要なマッチ棒の本数を求めました。下の①，②にあてはまる数や式を答えなさい。

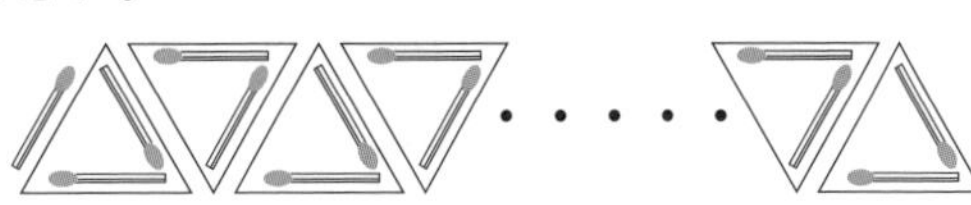

n 個の正三角形は，左端の1本と，

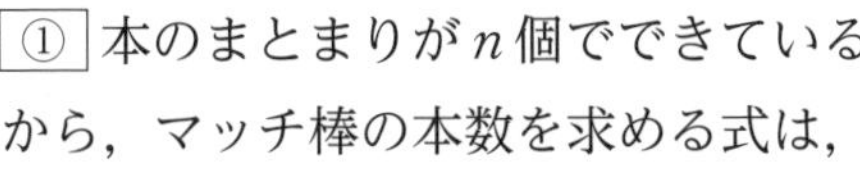

① 本のまとまりが n 個でできているから，マッチ棒の本数を求める式は，

1＋ ① ×n＝ ② である。

(3) (2)で求めた式を利用して，正三角形を30個つくるのに必要なマッチ棒の本数を求めなさい。

2 関係を表す式　次の数量の関係を等式または不等式で表しなさい。

(1) ある数 x の2倍に3をたすと，15より大きくなる。

(2) 1個 a g の品物8個の重さは100 g より軽い。

(3) 6人の生徒が x 円ずつ出し合ったときの金額の合計は3000円以上になった。

(4) 1個 a 円のケーキ2個の代金と，1個 b 円のシュークリーム3個の代金は等しい。

(5) 果汁30％のオレンジジュース x mL にふくまれる果汁の量は y mL 未満である。

(6) 50個のりんごを1人に a 個ずつ8人に配ると b 個余る。

1 図から，同じ本数のマッチ棒のかたまりを見つけて，式に表す。

2 「<，>，≦，≧」の違いを確かめておこう。

テストに出る！

章末予想問題　3章 文字と式

30分

/100点

1 次の式を，×，÷の記号を使わないで表しなさい。　4点×4〔16点〕

(1) $b\times a\times(-2)-5$

(2) $x\times3-y\times y\div2$

(3) $a\div4\times(b+c)$

(4) $a\div b\times c\times a\div3$

2 次の数量を式で表しなさい。　4点×6〔24点〕

(1) 12本が x 円であるときの鉛筆1本の値段

(2) a の5倍から b をひいたときの差

(3) 縦が x cm，横が y cm の長方形の周囲の長さ

(4) a kg の8％の重さ

(5) a m の針金から b m の針金を7本切り取ったとき，残っている針金の長さ

(6) 分速 a m で b 分間歩いたときに進んだ道のり

3 1個 x 円のみかんと，1個 y 円のりんごがあります。このとき，$(2x+2y)$ 円はどのような数量を表していますか。　〔8点〕

4 $x=-6$ のとき，次の式の値を求めなさい。　5点×2〔10点〕

(1) $3x+2x^2$

(2) $\dfrac{x}{2}-\dfrac{3}{x}$

解答 p.8

満点ゲット作戦

文字を使った式の表し方を確認しておこう。かっこをはずすときの符号には注意しよう。例 $-3(a+2)=-3a-6$

5 差がつく 次の計算をしなさい。

5点×6〔30点〕

(1) $-x+7+4x-9$

(2) $\frac{1}{2}a-1-2a+\frac{2}{3}$

(3) $\left(\frac{1}{3}a-2\right)-\left(\frac{3}{2}a-\frac{5}{4}\right)$

(4) $\frac{4x-3}{7}\times(-28)$

(5) $(-63x+28)\div 7$

(6) $2(3x-7)-3(4x-5)$

6 次の数量の関係を等式または不等式で表しなさい。

6点×2〔12点〕

(1) ある数 x の 2 倍は，x に 6 を加えた数に等しい。

(2) x 人いたバスの乗客のうち 10 人降りて y 人乗ってきたので，残りの乗客は 25 人以下になった。

<table>
<tr><td rowspan="2">1</td><td>(1)</td><td>(2)</td><td>(3)</td></tr>
<tr><td>(4)</td><td colspan="2"></td></tr>
<tr><td rowspan="2">2</td><td>(1)</td><td>(2)</td><td>(3)</td></tr>
<tr><td>(4)</td><td>(5)</td><td>(6)</td></tr>
<tr><td>3</td><td colspan="3"></td></tr>
<tr><td>4</td><td>(1)</td><td>(2)</td><td></td></tr>
<tr><td rowspan="2">5</td><td>(1)</td><td>(2)</td><td>(3)</td></tr>
<tr><td>(4)</td><td>(5)</td><td>(6)</td></tr>
<tr><td>6</td><td>(1)</td><td colspan="2">(2)</td></tr>
</table>

1	/16点	2	/24点	3	/8点	4	/10点	5	/30点	6	/12点

1節 方程式とその解き方 (1)

テストに出る！ 教科書のココが要点

さらっとまとめ（赤シートを使って，□に入るものを考えよう。）

1 方程式とその解 教 p.106～p.110

・x の値によって成り立ったり成り立たなかったりする等式を，x についての 方程式 という。

・方程式を成り立たせる文字の値を，その方程式の 解 といい，方程式の解を求めることを，方程式を 解く という。

・等式の性質

$A=B$ ならば [1] $A+C=B+C$ [2] $A-C=B-C$ [3] $AC=BC$

[4] $\dfrac{A}{C}=\dfrac{B}{C}$ $(C\neq 0)$ [5] $B=A$

2 方程式の解き方 教 p.111～p.112

・方程式を解くには，もとの方程式を「$x=$□」の形に変形すればよい。

・等式の一方の辺にある項を，その符号を変えて他方の辺に移すことを 移項 するという。

・方程式を解くには，等式の性質を利用したり，移項の考え方を利用する。

例 $3x-5=2x$

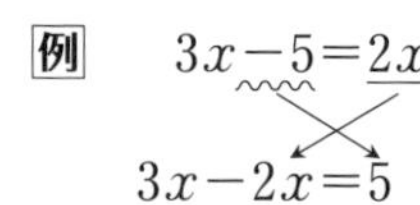

$3x-2x=5$

※符号を変えて他方の辺に移す。

スピード確認（□に入るものを答えよう。答えは，下にあります。）

□ 方程式を解く手順

[1] 文字のある項を左辺に，数の項を右辺に ① する。

[2] 両辺を整理して，$ax=b$ の形にする。

[3] 両辺を x の係数 ② でわる。

★求めた解をもとの方程式に代入して「検算」すると，その解が正しいかどうかを確かめることができる。

2 □ 方程式 $2x-1=6x+9$ を解きなさい。

★移項の考え方を使って，左辺に x の項，右辺に数の項をまとめる。

$2x-1=6x+9$

$2x$ ③ $6x=9$ ④ 1

$-4x=10$

$\dfrac{-4x}{⑤}=\dfrac{10}{⑥}$

$x=$ ⑦

※等式の性質を使って
$2x-1=6x+9$ を解くと，
〈1〉 両辺に 1 を加えて，
$2x=6x+10$
〈2〉 両辺から $6x$ をひいて，
$-4x=10$
〈3〉 両辺を -4 でわって，
$x=$ ⑦

①
②
③
④
⑤
⑥
⑦

答 ①移項 ②a ③$-$ ④$+$ ⑤-4 ⑥-4 ⑦$-\dfrac{5}{2}$

基礎力UP テスト対策問題

1 等式・方程式　等式 $4x+7=19$ について，次の問いに答えなさい。

(1) x が次の値のとき，左辺 $4x+7$ の値を求めなさい。

① $x=1$　　② $x=2$

③ $x=3$　　④ $x=4$

(2) (1)の結果から，等式 $4x+7=19$ が成り立つときの x の値を，番号で答えなさい。

2 等式の性質の利用　次の□にあてはまる数を入れて，方程式を解きなさい。

(1) $x-6=13$

両辺に ① を加えると，

$x-6+$ ② $=13+$ ③

したがって，$x=$ ④

(2) $\frac{1}{4}x=-3$

両辺に ① をかけると，

$\frac{1}{4}x\times$ ② $=-3\times$ ③

したがって，$x=$ ④

3 方程式の解き方　次の方程式を解きなさい。

(1) $x+4=13$　　(2) $x-2=-5$

(3) $3x-8=16$　　(4) $6x+4=9$

(5) $x-3=7-x$　　(6) $6+x=-x-4$

(7) $4x-1=7x+8$　　(8) $5x-3=-4x+12$

(9) $8-5x=4-9x$　　(10) $7-2x=4x-5$

テスト対策ナビ

1 (2) (右辺)$=19$ だから，(左辺)$=19$ となったとき，等式 $4x+7=19$ が成り立つ。

ポイント

等式の性質を使って方程式を解くには，

$x=\square$

の形にすることを考えればよい。

(1)では，

$x-6+6=13+6$

とすればよい。

「移項」するときは，符号を変えるのを忘れないようにしよう。

テストに出る！
予想問題 ① 4章 方程式 1節 方程式とその解き方 (1)

🕓20分 /21問中

1 よく出る 方程式の解　-2, -1, 0, 1, 2 のうち，次の方程式の解になっているものはどれですか。

(1) $3x-4=-7$　　(2) $2x-6=8-5x$

(3) $\frac{1}{3}x+2=x+2$　　(4) $4(x-1)=-x+1$

2 方程式の解　次の方程式で，解が 2 であるものを選び，記号で答えなさい。

㋐ $x-4=-2$　　㋑ $3x+7=-13$

㋒ $6x+5=7x-3$　　㋓ $4x-9=-5x+9$

3 等式の性質　次のように方程式を解くとき，（　）にはあてはまる符号を，□にはあてはまる数や式を入れなさい。また，〔　〕には下の等式の性質1～4のどれを使ったかを1～4の番号で答えなさい。

(1) $x+8=3$
$x+8$ (①　) $8=3$ (②　) 8　〔④　〕
$x=$ ③□

(2) $3x=12$
$\frac{3x}{①□}=\frac{12}{②□}$　〔④　〕
$x=$ ③□

(3) $-2x=14-3x$
$-2x$ ①□ $=14-3x$ ②□　〔④　〕
③□ $=14$

(4) $\frac{3}{2}x=6$
$\frac{3}{2}x\times$ ①□ $=6\times$ ②□　〔④　〕
$x=$ ③□

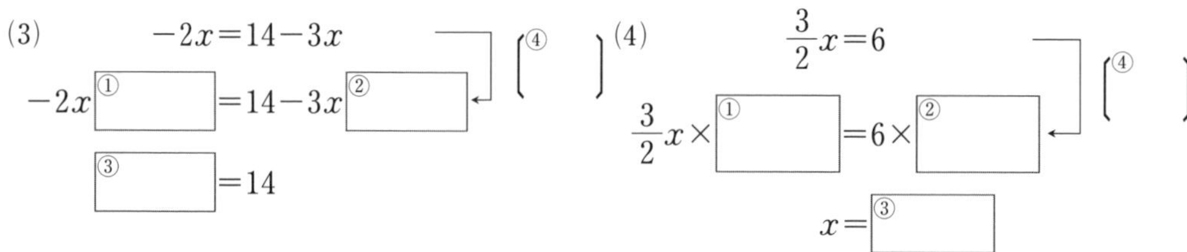

$A=B$ ならば

1 $A+C=B+C$　2 $A-C=B-C$　3 $AC=BC$　4 $\frac{A}{C}=\frac{B}{C}$ $(C\neq0)$

1 **2** 与えられた値を，左辺と右辺それぞれに代入して，両辺が等しい値になるものが，その方程式の解である。

テストに出る！

予想問題 ②　4章 方程式　1節 方程式とその解き方 (1)

🕓20分　/18問中

1 よく出る　方程式の解き方　次の方程式を解きなさい。

(1) $x-7=3$　　(2) $x+5=12$

(3) $-4x=32$　　(4) $6x=-5$

(5) $\frac{1}{5}x=10$　　(6) $-\frac{2}{3}x=4$

(7) $3x-8=7$　　(8) $-x-4=3$

(9) $9-2x=17$　　(10) $6=4x-2$

(11) $4x=9+3x$　　(12) $7x=8+8x$

(13) $-5x=18-2x$　　(14) $5x-2=-3x$

(15) $6x-4=3x+5$　　(16) $5x-3=3x+9$

(17) $8-7x=-6-5x$　　(18) $2x-13=5x+8$

1 方程式を解くには，等式の性質や移項の考え方を使って，「$x=\square$」の形にすることを考える。移項するときは，符号に注意する。

1節 方程式とその解き方(2) 2節 方程式の活用

テストに出る! 教科書のココが要点

さらっとまとめ（赤シートを使って，□に入るものを考えよう。）

1 いろいろな方程式 教 p.113～p.115

・かっこをふくむ方程式は，かっこをはずして から解く。

・係数に小数がある方程式は，両辺に 10 や 100 などをかけて，係数を 整数 にし，小数をふくまない形にしてから解く。

・係数に分数がある方程式は，両辺に分母の 公倍数 をかけて，分母をはらって分数をふくまない形にしてから解く。

・解を求めたら，その解で「検算」すると，その解が正しいか確かめることができる。

2 方程式の活用 教 p.117～p.123

・わかっている数量と求める数量を明らかにして，求める数量を文字で表す。

→等しい関係にある数量を見つけて，方程式をつくる。

→つくった方程式を解く。

→方程式の解が問題に適しているかどうかを確かめる。

3 比例式の性質 教 p.124～p.126

・$a:b=c:d$ ならば $ad=$ bc

スピード確認（□に入るものを答えよう。答えは，下にあります。）

2

□ 1個150円のりんごと1個80円のなしをあわせて9個買ったら，代金の合計は1000円でした。このとき，りんごをx個買うとして，下の表の①～③にあてはまる式を答えなさい。

	1個の値段(円)	個数(個)	代金(円)
りんご	150	x	①
なし	80	②	③
合計		9	1000

★文章題を解くときは，表をつくって考えるとよい。

□ 上の問題で，方程式をつくると，④ となり，その方程式を解くと，$x=$ ⑤ となる。

★$150x+720-80x=1000$　$70x=1000-720$　$70x=280$

買ったりんごは ⑥ 個，なしは ⑦ 個であり，問題に適している。

★9－4

①

②

③

④

⑤

⑥

⑦

答 ①$150x$ ②$9-x$ ③$80(9-x)$ ④$150x+80(9-x)=1000$ ⑤4 ⑥4 ⑦5

解答 p.10

基礎力UP テスト対策問題

1 いろいろな方程式の解き方　次の方程式を解きなさい。

(1)　$2x-3(x+1)=-6$　　(2)　$0.7x-1.5=2$

(3)　$1.3x-3=0.2x-0.8$　　(4)　$0.4(x+2)=2$

(5)　$\frac{1}{3}x-2=\frac{5}{6}x-1$　　(6)　$\frac{x-3}{3}=\frac{x+7}{4}$

2 速さの問題　兄は8時に家を出発して駅に向かいました。弟は8時12分に家を出発して自転車で兄を追いかけました。兄の歩く速さを分速80 m，弟の自転車の速さを分速240 mとします。

(1)　弟が出発してからx分後に兄に追い着くとして，下の表の①～③にあてはまる式を答えなさい。

	速さ (m/min)	時間(分)	道のり (m)
兄	80	①	②
弟	240	x	③

(2)　(1)の表を利用して，方程式をつくりなさい。

(3)　(2)でつくった方程式を解いて，弟が兄に追い着くのは8時何分になるか求めなさい。

(4)　家から駅までの道のりが1800 mであるとき，弟が8時16分に家を出発したとすると，弟は駅に行く途中で兄に追い着くことができますか。

3 比例式　次のxの値を求めなさい。

(1)　$x:8=7:4$　　(2)　$3:x=9:12$

(3)　$2:7=\frac{3}{2}:x$　　(4)　$5:2=(x-4):6$

テスト対策ナビ

ミス注意！
かっこをふくむ方程式は，かっこをはずしてから解く。かっこをはずすときは，符号に注意する。
$-○(□-△)$
$=-○×□+○×△$

まずは，与えられた条件を，表に整理し，等しい関係にある数量を見つけて，方程式をつくろう。

分は英語でminuteと表すから，
分速● mを
● m/minと表すことがあるよ。

絶対に覚える！
比例式は，比例式の性質を使って解く。
$a:b=c:d$
ならば
$ad=bc$

解答 p.10

テストに出る!
予想問題 ①
4章 方程式
1節 方程式とその解き方 (2)

20分

/15問中

1 よく出る かっこをふくむ方程式 次の方程式を解きなさい。

(1) $3(x+8)=x+12$

(2) $2+7(x-1)=2x$

(3) $2(x-4)=3(2x-1)+7$

(4) $9x-(2x-5)=4(x-4)$

2 係数に小数がある方程式 次の方程式を解きなさい。

(1) $0.7x-2.3=3.3$

(2) $0.18x+0.12=-0.6$

(3) $x+3.5=0.25x+0.5$

(4) $0.6x-2=x+0.4$

3 係数に分数がある方程式 次の方程式を解きなさい。

(1) $\frac{2}{3}x=\frac{1}{2}x-1$

(2) $\frac{x}{2}-1=\frac{x}{4}+\frac{1}{2}$

(3) $\frac{1}{3}x-3=\frac{5}{6}x-\frac{1}{2}$

(4) $\frac{1}{5}x-\frac{1}{6}=\frac{1}{3}x-\frac{2}{5}$

4 係数に分数がある方程式 次の方程式を解きなさい。

(1) $\frac{x-1}{2}=\frac{4x+1}{3}$

(2) $\frac{3x-2}{2}=\frac{6x+7}{5}$

5 xについての方程式 xについての方程式 $2x+a=7-3x$ の解が 2 であるとき，aの値を求めなさい。

5 解が 2 だから，方程式 $2x+a=7-3x$ は $x=2$ のとき成り立つ。
したがって，$2x+a=7-3x$ のxに 2 を代入して，aの値を求める。

 解答 p.11

テストに出る！
予想問題 ②　4章 方程式　2節 方程式の活用

20分　/11問中

1 過不足の問題　あるクラスの生徒に画用紙を配ります。1人に4枚ずつ配ると13枚余ります。また，1人に5枚ずつ配ろうとすると15枚足りません。

(1) 生徒の人数をx人として，1人に4枚ずつx人に配ると13枚余ることと，1人に5枚ずつx人に配ろうとすると15枚足りないことを右の図は表しています。右の図の①～④にあてはまる式や数を答えなさい。

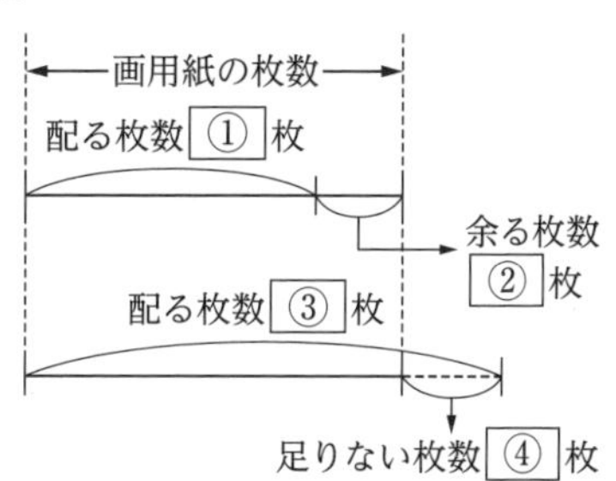

(2) (1)の図を利用して，画用紙の枚数をxを使った2通りの式で表しなさい。

(3) 方程式をつくり，生徒の人数と画用紙の枚数を求めなさい。

2 よく出る　数の問題　ある数の5倍から12をひいた数と，ある数の3倍に14をたした数は等しくなります。ある数をxとして方程式をつくり，ある数を求めなさい。

3 年齢の問題　現在，父は45歳，子は13歳です。父の年齢が子の年齢の2倍になるのは，今から何年後ですか。2倍になるのが今からx年後として方程式をつくり，何年後になるか求めなさい。

4 速さの問題　山のふもとから山頂までを往復するのに，行きは時速2kmで，帰りは時速3kmで歩いたら，あわせて4時間かかりました。山のふもとから山頂までの道のりを$x$kmとして方程式をつくり，山のふもとから山頂までの道のりを求めなさい。

5 比例式　次のxの値を求めなさい。

(1) $x:6=5:3$　　(2) $1:2=4:(x+5)$

3 今からx年後の父の年齢は$(45+x)$歳，子の年齢は$(13+x)$歳である。

5 (1) $x\times3=6\times5$　(2) $1\times(x+5)=2\times4$

テストに出る！

章末予想問題 4章 方程式

30分

/100点

1 次の方程式のうち，〔　〕の中の値が解になるものには○，解にならないものには×をつけなさい。 4点×4〔16点〕

(1) $x-3=-4$ 〔$x=7$〕

(2) $4x+7=-5$ 〔$x=-3$〕

(3) $2x+5=4-x$ 〔$x=-1$〕

(4) $12-5x=3x-12$ 〔$x=3$〕

2 次の方程式を解きなさい。 4点×8〔32点〕

(1) $4x-21=x$

(2) $6-\frac{1}{2}x=4$

(3) $4-3x=-2-5x$

(4) $0.4x+3=x-\frac{3}{5}$

(5) $5(x+5)=10-8(3-x)$

(6) $0.6(x-1)=3.4x+5$

(7) $\frac{2}{3}x-\frac{1}{4}=\frac{5}{8}x-1$

(8) $\frac{x-2}{3}-\frac{3x-2}{4}=-1$

3 次のxの値を求めなさい。 4点×4〔16点〕

(1) $x:4=3:2$

(2) $9:8=x:32$

(3) $2:\frac{5}{6}=12:x$

(4) $(x+2):15=2:3$

4 差がつく xについての方程式 $x-\frac{3x-a}{2}=-1$ の解が4であるとき，aの値を求めなさい。 〔8点〕

解答 p.11

満点ゲット作戦

方程式を解いたら，その解を代入して，検算しよう。また，文章題では，何を x とおいて考えているのかをはっきりさせよう。

ココが要点を再確認 0〜70　もう一歩 70〜85　合格 85〜100点

5 差がつく　講堂の長いすに生徒が 5 人ずつすわっていくと，8 人の生徒がすわれません。また，生徒が 6 人ずつすわっていくと，最後の 1 脚にすわるのは 2 人になります。長いすの数を x 脚として，次の問いに答えなさい。　7 点×2〔14 点〕

(1)　x についての方程式をつくりなさい。

(2)　長いすの数と生徒の人数を求めなさい。

6　A，B 2 つの容器にそれぞれ 360 mL の水が入っています。いま，A の容器から B の容器に何 mL かの水を移したら，A の容器と B の容器に入っている水の量の比は 4：5 になりました。　7 点×2〔14 点〕

(1)　移した水の量を x mL として，x についての比例式をつくりなさい。

(2)　A の容器から B の容器に移した水の量を求めなさい。

1	(1)	(2)	(3)	(4)
2	(1)	(2)	(3)	
	(4)	(5)	(6)	
	(7)	(8)		
3	(1)	(2)	(3)	
	(4)			
4				
5	(1)	(2) 長いす　生徒		
6	(1)	(2)		

1	2	3	4	5	6
/16点	/32点	/16点	/8点	/14点	/14点

5章 比例と反比例

1節 関数　2節 比例(1)

テストに出る！ 教科書のココが要点

さらっとまとめ (赤シートを使って，□に入るものを考えよう。)

1 関数 教 p.134〜p.136

・2つの変数 x，y があって，x の値を決めると，それに対応する y の値がただ1つ決まるとき，［y は x の関数である］という。

・変数のとりうる値の範囲を，その変数の［変域］という。

例 $0 \leqq x < 4$ を，数直線上に表すと右のようになる。（数直線：0，4）

端の数をふくむ場合は•，ふくまない場合は◦を使って表す。

2 比例の式 教 p.137〜p.140

・比例…y が x の関数で，［$y=ax$］の式で表される。　※ a を［比例定数］という。

・y が x に比例するとき，x の値が2倍，3倍，…になると，対応する y の値も［2倍，3倍，…］になる。

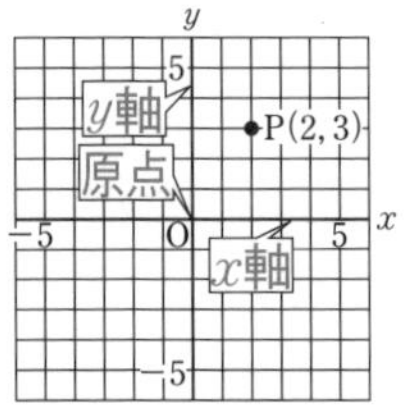

（図：y軸，原点，P(2, 3)，x軸，−5，O，5，x，y）

3 座標 教 p.141〜p.142

・x 軸と y 軸をあわせて［座標軸］という。

・座標は，(○，□) の形で表す。　例 P(2, 3)　（x 座標↑　↑y 座標）

……点Pは原点から x 軸の正の方向に2，y 軸の正の方向に3進んだところにある。

スピード確認 (□に入るものを答えよう。答えは，下にあります。)

1

□ 空の水そうに毎秒0.3Lの割合で水を入れるとき，水を入れる時間 x の値を決めると，水そうの中の水の量 y の値がただ1つ決まるので，y は x の［①］である。このとき，水を入れ始めてから x 秒後の水そうの中の水の量を y L とすると，$y=$［②］と表されるから，y は x に［③］するといえる。

★「$y=ax$」の式で表されるとき，「比例」という。

□ x の変域が −2 以上 5 以下のとき，不等号を使って，-2［④］x［⑤］5 と表す。また，x の変域が −3 より大きく 1 より小さいとき，-3［⑥］x［⑦］1 と表す。

★「$a \leqq$○，$a \geqq$○」は，a は○をふくむ。
「$a <$○，$a >$○」は，a は○をふくまない。

3

□ 右の図の点Aの x 座標は［⑧］で y 座標は［⑨］だから，A(［⑧］,［⑨］) と表す。

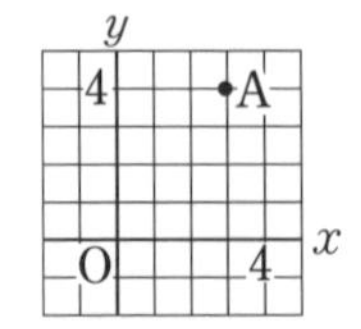

①＿＿＿＿
②＿＿＿＿
③＿＿＿＿
④＿＿＿＿
⑤＿＿＿＿
⑥＿＿＿＿
⑦＿＿＿＿
⑧＿＿＿＿
⑨＿＿＿＿

答 ①関数　②$0.3x$　③比例　④≦　⑤≦　⑥<　⑦<　⑧3　⑨4

解答 p.12

基礎力UP テスト対策問題

1 変域　変数 x が次のような範囲の値をとるとき，x の変域を，不等号を使って表しなさい。

(1)　-4 以上 3 以下　　　(2)　0 より大きく 7 未満

2 比例　次の(1)，(2)について，y を x の式で表し，比例定数を答えなさい。

(1)　1 本 80 円の鉛筆を x 本買ったときの代金を y 円とする。

(2)　1 辺が x cm の正三角形の周の長さを y cm とする。

3 比例の式　次の問いに答えなさい。

(1)　y は x に比例し，$x=3$ のとき $y=6$ です。

①　y を x の式で表しなさい。

②　$x=-5$ のときの y の値を求めなさい。

(2)　y は x に比例し，$x=6$ のとき $y=-24$ です。

①　y を x の式で表しなさい。

②　$y=20$ のときの x の値を求めなさい。

4 座標　右の図で，点 A，B，C，D の座標を答えなさい。

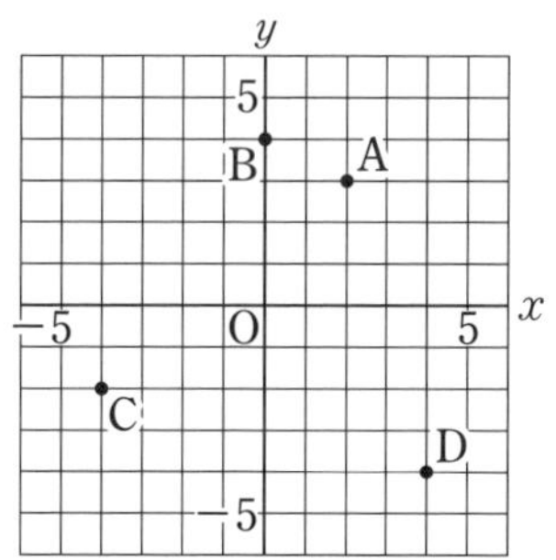

5 座標　右の図に，次の点をとりなさい。

E(4，5)　　F(-3，3)

G(-2，-4)　　H(3，-2)

テスト対策ナビ

思い出そう！

・a が b 以上
…$a \geqq b$

・a が b より大きい
…$a > b$

・a が b 以下
…$a \leqq b$

・a が b より小さい
（a が b 未満）
…$a < b$

ポイント

比例の式の求め方

「y が x に比例する」
⇒$y=ax$ と表せることを使う。
→$y=ax$ に x と y の値を代入して，比例定数 a の値を求める。

点の座標では，座標の左側が x 座標だったね。

テストに出る！
予想問題　5章 比例と反比例　1節 関数　2節 比例 (1)

20分　/13問中

1 よく出る　関数　次の㋐〜㋔のうち，y が x の関数であるものを選び，記号で答えなさい。

㋐　底辺が 5 cm，高さが x cm の三角形の面積を y cm^2 とする。

㋑　1 辺が x cm の正方形の面積を y cm^2 とする。

㋒　1 辺が x cm のひし形の周の長さを y cm とする。

㋓　身長 x cm の人の体重を y kg とする。

㋔　半径 x cm の円の面積を y cm^2 とする。

2 よく出る　比例の式の求め方　次の問いに答えなさい。

(1)　y は x に比例し，$x=6$ のとき $y=9$ です。$x=-4$ のときの y の値を求めなさい。

(2)　y は x に比例し，$x=2$ のとき $y=12$ です。$y=-8$ のときの x の値を求めなさい。

3 比例を表す式　ガソリン 20 L で 320 km の道のりを走ることができる自動車があります。この自動車が，ガソリン x L で y km 走るとして，次の問いに答えなさい。

(1)　ガソリン 75 L では，何 km 走りますか。

(2)　400 km の道のりを走るには，何 L のガソリンが必要ですか。

4 よく出る　座標　次の問いに答えなさい。

(1)　右の図の点 A，B，C，D の座標を答えなさい。

(2)　右の図に，次の点をとりなさい。

E(6, 2)　　F(−3, 7)

G(−2, 0)　　H(7, −4)

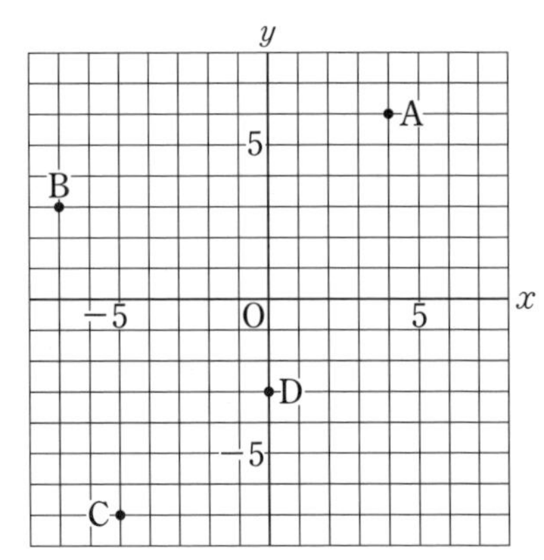

2 比例の式は，対応する 1 組の x，y の値を，$y=ax$ に代入して，a の値を求める。

4 x 軸上の点→y 座標が 0　　y 軸上の点→x 座標が 0

2節 比例(2) 3節 反比例 4節 比例と反比例の活用

テストに出る! 教科書のココが要点

さらっとまとめ (赤シートを使って,□に入るものを考えよう。)

1 比例のグラフ 教 p.143〜p.147

・比例のグラフは, 原点 を通る 直線 である。

2 反比例 教 p.148〜p.154

・反比例…y が x の関数で, $y=\frac{a}{x}$ の式で表される。 ※a を 比例定数 という。

・y が x に反比例するとき, x の値が 2 倍, 3 倍, …になると, 対応する y の値は $\frac{1}{2}$ 倍, $\frac{1}{3}$ 倍, … になる。

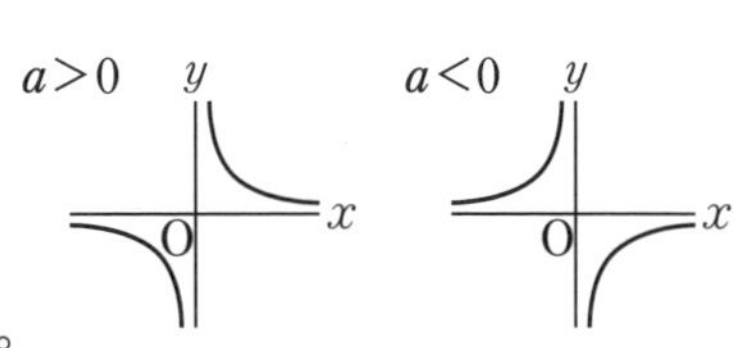

・反比例のグラフを 双曲線 という。

※「$y=\frac{a}{x}$」のグラフは,

「右上と左下」または「右下と左上」の部分に現れる。

スピード確認 (□に入るものを答えよう。答えは,下にあります。)

1

□ $y=3x$ のグラフは, 原点と点 (1, ①) を通る右上がりの ② だから, 右の図の㋐, ㋑のうち, ③ の直線である。

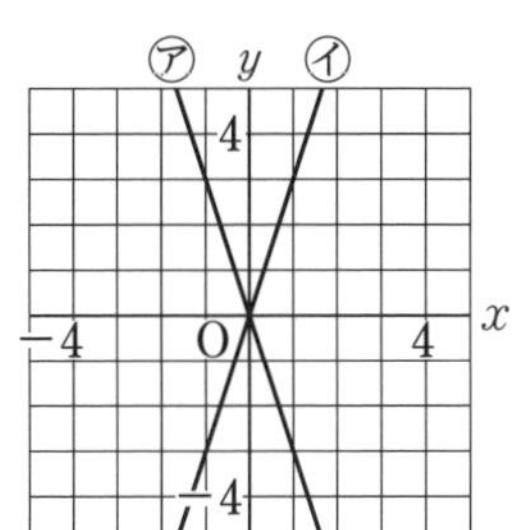

2

□ 面積が 20 cm^2 の長方形の縦の長さを x cm, 横の長さを y cm とすると, x と y の関係は, $xy=$ ④ だから, $y=$ ⑤ と表される。

このように, $y=\frac{a}{x}$ の式で表されるとき, y は x に ⑥ するという。

★「$y=\frac{a}{x}$」の式で表されるとき,「反比例」という。

□ $y=\frac{4}{x}$ のグラフは, (4, 1), (2, 2), (1, 4) のように多くの点をとって, なめらかな曲線で結んだ ⑦ だから, 右の図の㋒, ㋓のうち, ⑧ のグラフである。

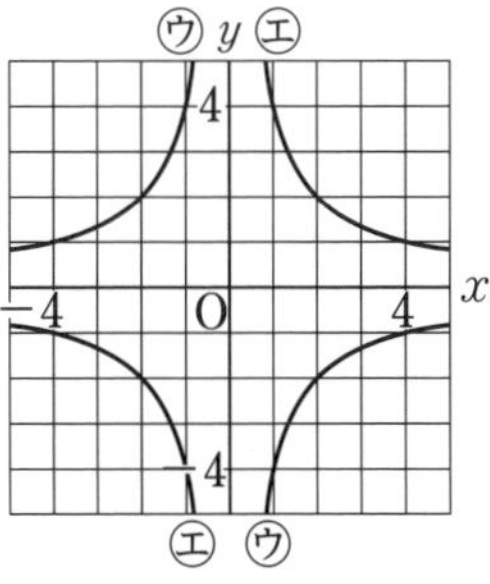

①
②
③
④
⑤
⑥
⑦
⑧

答 ①3 ②直線 ③㋑ ④20 ⑤$\frac{20}{x}$ ⑥反比例 ⑦双曲線 ⑧㋓

解答 p.13

基礎力UP テスト対策問題

1 比例のグラフ　次の関数のグラフを，右の図にかきなさい。

㋐　$y=\frac{1}{2}x$　　　㋑　$y=-5x$

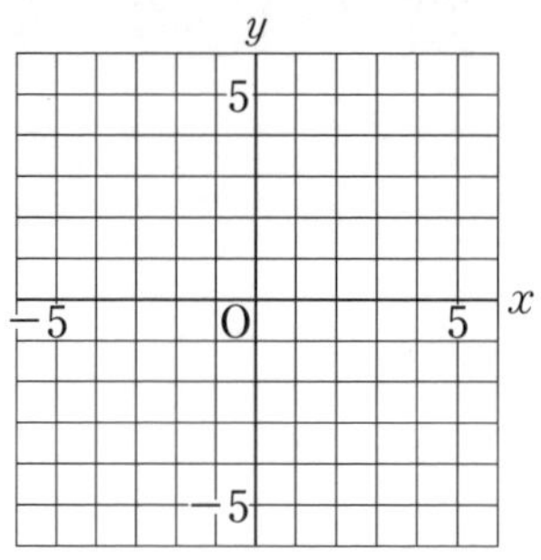

2 グラフから式を求める　右の図のグラフは比例のグラフです。y を x の式で表しなさい。

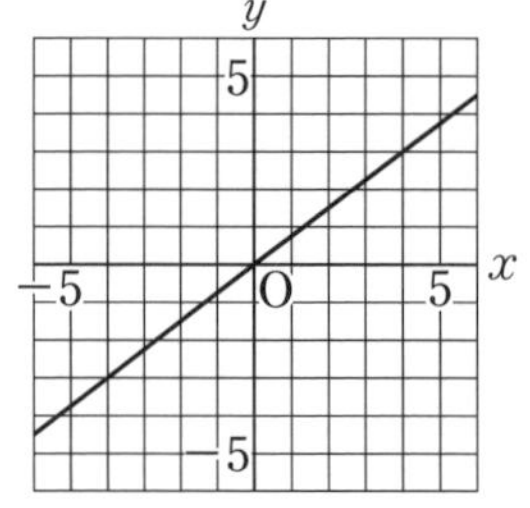

3 反比例　次の問いに答えなさい。

(1)　40 L 入る水そうに，毎分 x L の割合で水を入れると，y 分でいっぱいになります。y を x の式で表しなさい。

(2)　y は x に反比例し，$x=4$ のとき $y=-3$ です。y を x の式で表しなさい。

(3)　関数 $y=-\frac{3}{x}$ のグラフを，右の図にかきなさい。

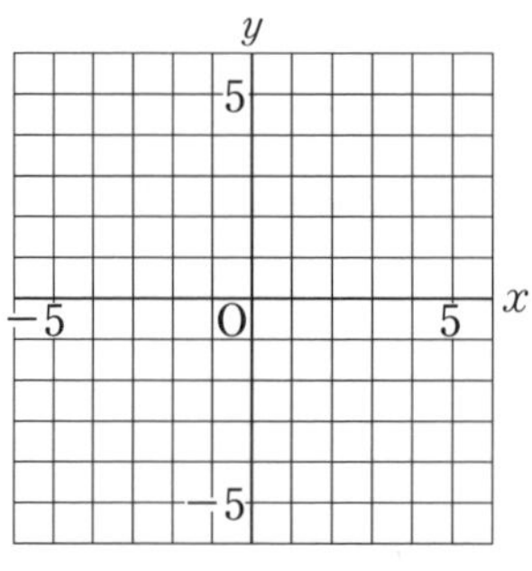

4 比例と反比例　次の(1)，(2)について，y を x の式で表しなさい。また，y が x に比例するか，反比例するかを答えなさい。

(1)　180 cm のリボンを x 等分すると，1 本の長さは y cm になる。

(2)　12 km 離れたA町まで行くのに，時速 x km で進むと，y 時間かかる。

テスト対策☆ナビ

絶対に覚える!

$y=ax$ のグラフは原点を通る直線で，
■ $a>0$ のとき
右上がりの直線
■ $a<0$ のとき
右下がりの直線
になる。

グラフから，通る点の座標を読みとるんだね。

ポイント

反比例の式の求め方
「y が x に反比例する」
⇒$y=\frac{a}{x}$ と表せることを使う。
→$y=\frac{a}{x}$ に x と y の値を代入して，比例定数 a の値を求める。また，$xy=a$ として，a の値を求めてもよい。

解答 p.13

テストに出る！

予想問題

5章 比例と反比例
2節 比例 (2) 3節 反比例 4節 比例と反比例の活用

20分

/10問中

1 よく出る 比例，反比例のグラフ 次の関数のグラフを，下の図にかきなさい。

(1) $y=\frac{2}{5}x$

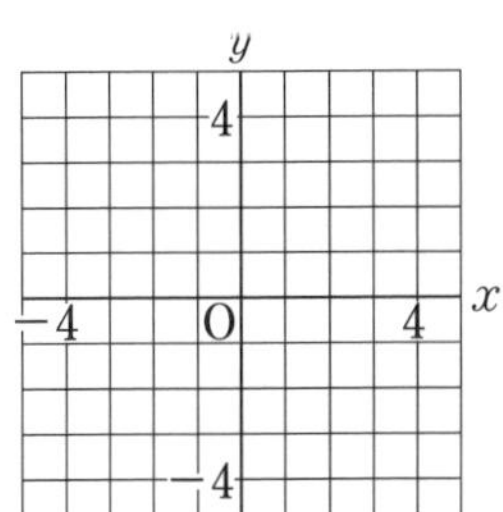

(2) $y=-\frac{1}{4}x$

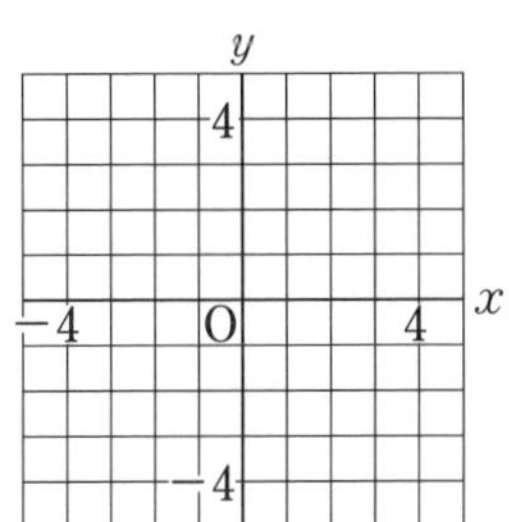

(3) $y=-\frac{8}{x}$

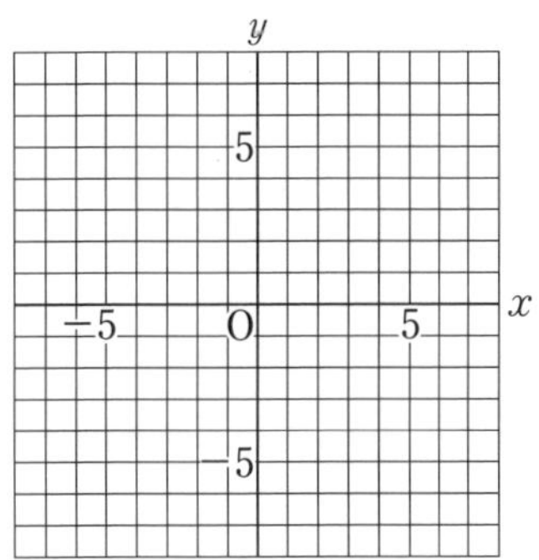

2 グラフからの式の求め方 グラフが，右の図の直線(1)，(2)，双曲線(3)になる関数を表す式をそれぞれ求めなさい。

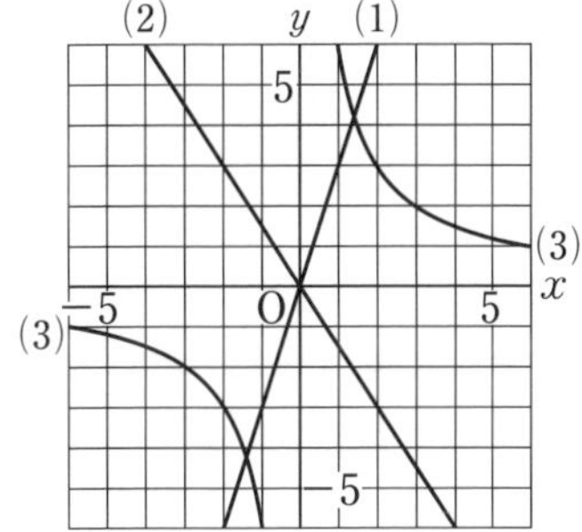

3 よく出る 反比例の式の求め方 次の問いに答えなさい。

(1) y は x に反比例し，$x=-3$ のとき $y=-5$ です。y を x の式で表しなさい。

(2) y は x に反比例し，$x=-6$ のとき $y=4$ です。$x=8$ のときの y の値を求めなさい。

4 反比例する量 1日に 0.6 L ずつ使うと，35 日間使えるだけの灯油があります。これを1日に x L ずつ使うと y 日間使えるとして，次の問いに答えなさい。

(1) 1日 0.5 L ずつ使うとすると，何日間使えますか。

(2) 28 日間でちょうど使い終わるには，1日に何Lずつ使えばよいですか。

2 グラフから式を求めるときは，x 座標，y 座標がともに整数である点の座標を読みとる。

3 対応する1組の x，y の値を $y=\frac{a}{x}$ または $xy=a$ に代入して，a の値を求める。

テストに出る！

章末予想問題 5章 比例と反比例

30分
/100点

1 次の(1)〜(3)について，y を x の式で表し，y が x に比例するものには○，反比例するものには△，どちらでもないものには×をつけなさい。 4点×6〔24点〕

(1) ある針金の 1 m あたりの重さが 20 g のとき，この針金 x g の長さは y m である。

(2) 50 cm のひもから x cm のひもを 3 本切り取ったら，残りの長さは y cm である。

(3) 1 m あたりの値段が x 円のリボンを買うとき，300 円で買える長さは y m である。

2 次の問いに答えなさい。 8点×2〔16点〕

(1) y は x に比例し，$x=-12$ のとき $y=-8$ です。$x=4.5$ のときの y の値を求めなさい。

(2) y は x に反比例し，$x=8$ のとき $y=-3$ です。$y=-2$ のときの x の値を求めなさい。

3 次の関数のグラフをかきなさい。 6点×4〔24点〕

(1) $y=\frac{3}{2}x$ (2) $y=\frac{18}{x}$ (3) $y=-\frac{4}{3}x$ (4) $y=-\frac{18}{x}$

4 差がつく 歯数 40 の歯車が 1 分間に 18 回転しています。これにかみ合う歯車の歯数を x，1 分間の回転数を y として，次の問いに答えなさい。 6点×3〔18点〕

(1) y を x の式で表しなさい。

(2) かみ合う歯車の歯数が 36 のとき，その歯車の 1 分間の回転数を求めなさい。

(3) かみ合う歯車を 1 分間に 15 回転させるためには，歯数をいくつにすればよいですか。

解答 p.14

満点ゲット作戦

比例と反比例の式の求め方とグラフの形やかき方を覚えよう。また，求めた式が比例か反比例かは，式の形で判断しよう。

ココが要点を再確認　もう一歩　合格
0　70　85　100点

5 姉と妹が同時に家を出発し，家から **1800 m** 離れた図書館に行きます。姉は分速 **200 m**，妹は分速 **150 m** で自転車に乗って行きます。　6点×3〔18点〕

(1) 家を出発してから x 分後に，家から y m 離れたところにいるとして，姉と妹が進むようすを表すグラフをかきなさい。

(2) 姉と妹が 300 m 離れるのは，家を出発してから何分後ですか。

(3) 姉が図書館に着いたとき，妹は図書館まであと何 m のところにいますか。

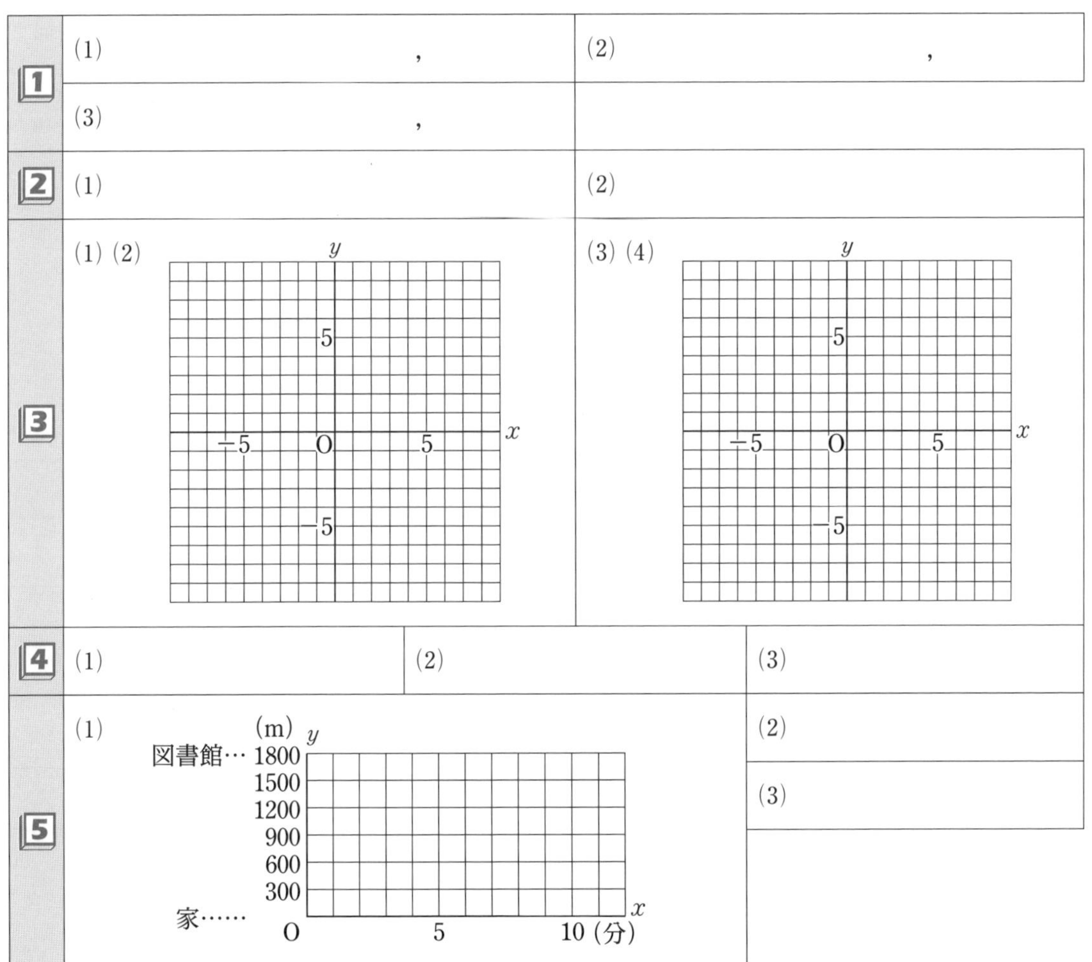

1	/24点	2	/16点	3	/24点	4	/18点	5	/18点

1節 平面図形の基礎　2節 作図(1)

テストに出る！ 教科書のココが要点

さらっとまとめ（赤シートを使って，□に入るものを考えよう。）

1 点と直線 教 p.170～p.173

・直線 AB 　・線分 AB 　・半直線 AB

2 円 教 p.174～p.176

・円周上のAからBまでの円周の部分が［弧 AB］で，［$\overset{\frown}{AB}$］と表す。

・円周上の 2 点を結ぶ線分が［弦］で，両端が A，B である弦を［弦 AB］という。

・円の中心Oと円周上の 2 点 C，D をそれぞれ結んでできる ∠COD を $\overset{\frown}{CD}$ に対する［中心角］という。

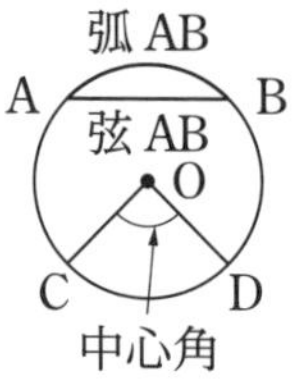

・円と直線が 1 点だけを共有するとき，円と直線は［接する］といい，接する直線を円の［接線］という。また，円と直線が接する点を［接点］という。

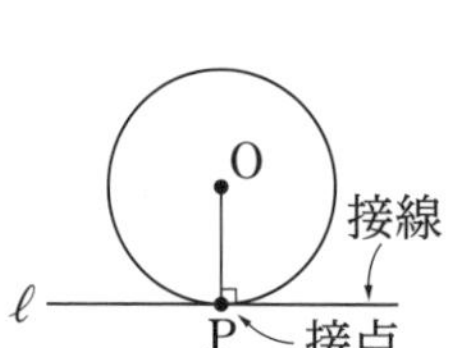

・円の接線は，接点を通る半径に［垂直］である。OP ⊥ ℓ

3 基本の作図 教 p.177～p.182

・垂直二等分線　・角の二等分線　・垂線①　・垂線②

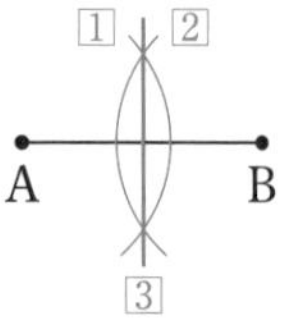

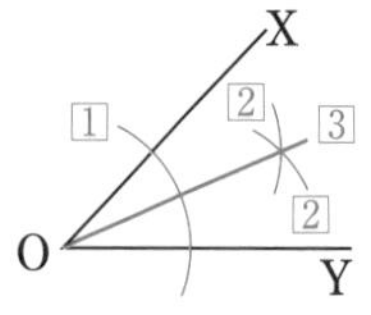

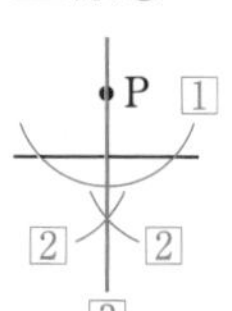

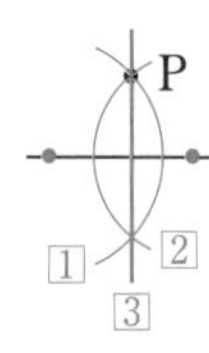

※作図は，定規とコンパスだけを使ってかく。

スピード確認（□に入るものを答えよう。答えは，下にあります。）

2

□ 右の図で，AからBまでの円周の部分を［①］といい，記号で表すと，［②］となる。

□ 右の図で，線分 AB を［③］という。

□ 右の図で，半径 OC，OD のつくる角を［④］に対する［⑤］という。

□ 中心Oを通る弦の長さは，この円の［⑥］を表している。

□ 右の図のような点 A，B を通る円の中心は，線分 AB の［⑦］上にある。

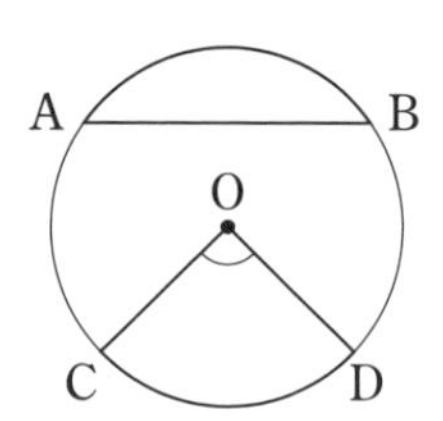

A　B

①
②
③
④
⑤
⑥
⑦

答 ①弧 AB（弧）　②$\overset{\frown}{AB}$　③弦 AB（弦）　④$\overset{\frown}{CD}$（弧 CD）　⑤中心角　⑥直径　⑦垂直二等分線

解答 p.15

基礎力UP テスト対策問題

1 直線　次の□にあてはまることばや記号を答えなさい。

(1)　直線 AB の一部分で，点Aから点Bまでの部分を□という。

(2)　直線 AB の一部分で，線分 AB を点Aの方向に限りなくのばしたものを□という。

(3)　2直線 AB と CD が交わってできる角が直角のとき，直線 AB と CD は□であるといい，記号を使って，AB□CD と表す。

2 角　右の図で，直線 PA，PB はそれぞれ円Oに点A，点Bで接しています。$\overset{\frown}{AB}$ に対する中心角が 80° のとき，∠APB の大きさを求めなさい。

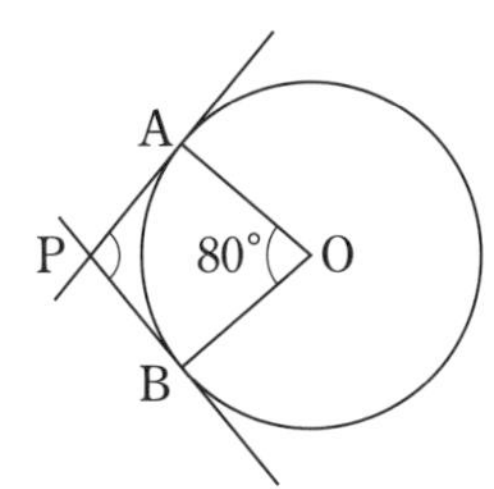

3 基本の作図　次の図の △ABC で，(1)〜(3)の作図をしなさい。

(1)　辺 AB の垂直二等分線

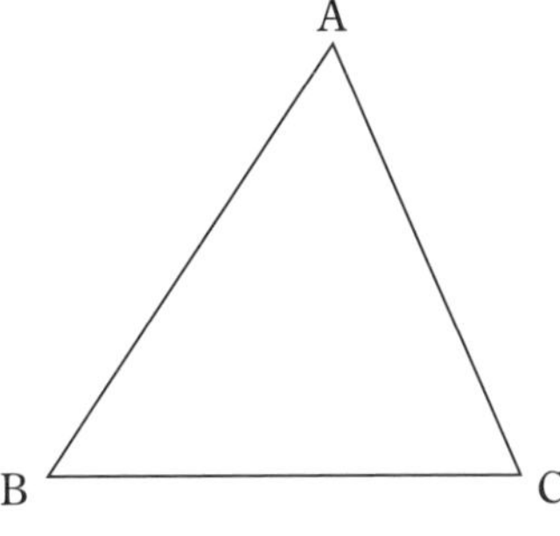

(2)　∠BAC の二等分線

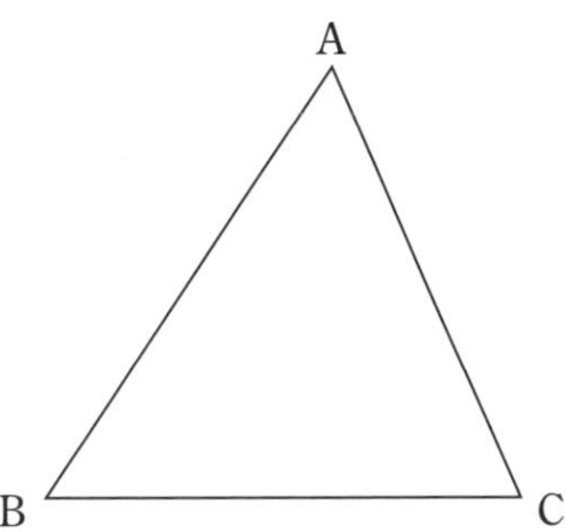

(3)　頂点Cから辺 AB への垂線

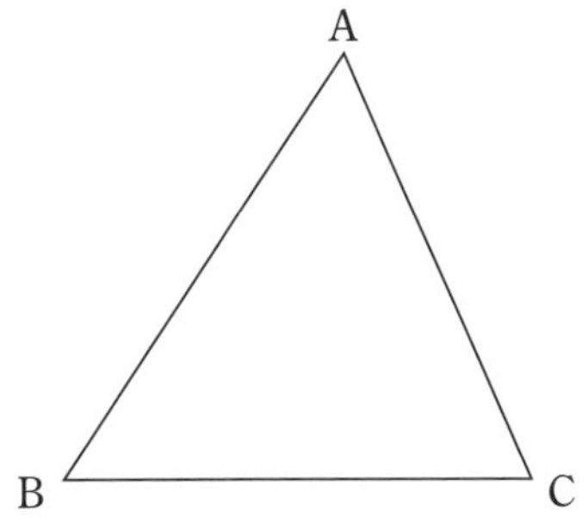

テスト対策ナビ

ポイント

(1) A———B（線分）

(2) ——A———B（点Aの方向にのびた半直線）

(3) C、D を結ぶ直線と A、B を結ぶ直線が直角に交わる図

ポイント

円の接線は，接点を通る半径に垂直になっていることを利用して，求める。

絶対に覚える!

図形の用語や記号
三角形 ABC
…△ABC
長さが等しい…＝
平行…∥
垂直…⊥
角 AOB…∠AOB

作図をするときは，垂直二等分線，角の二等分線のひき方や垂線のひき方を組み合わせて考えていこう。

テストに出る！

予想問題 ① 6章 平面図形 1節 平面図形の基礎　2節 作図 (1)

20分　/11問中

1 図形の基礎　右の図は，点A，Bを中心とし，半径が等しい2つの円の交点をP，Qとしたものです。

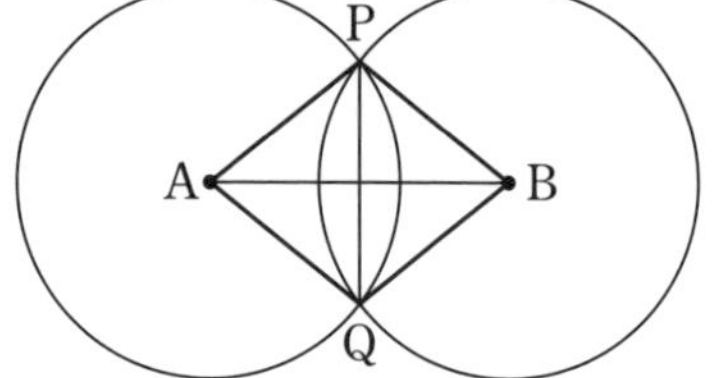

(1) 線分APと長さが等しい線分を3つ答えなさい。

(2) ABとPQの交点をMとするとき，次の□にあてはまる記号や文字，数を答えなさい。

PM ① □ QM，PM ② □ AB，AM＝ ③ □，∠BMP＝ ④ □°

2 よく出る　垂直二等分線の作図　次の作図をしなさい。

(1) 線分ABの垂直二等分線

A —— B

(2) 線分ABを直径とする円

A —— B

3 よく出る　角の二等分線の作図　次の作図をしなさい。

(1) ∠XOYの二等分線

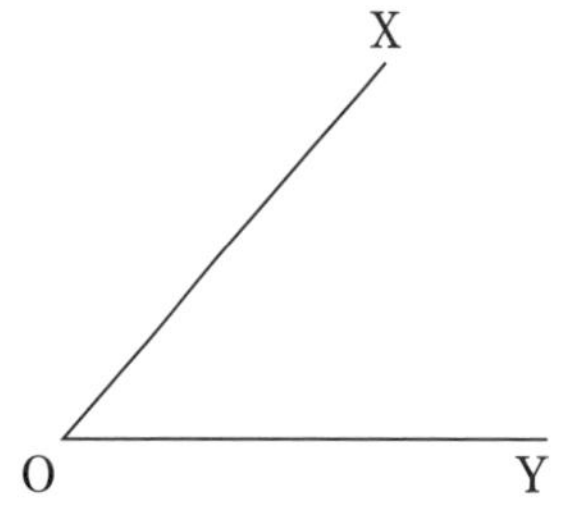

(2) 点Oを通る直線ABの垂線

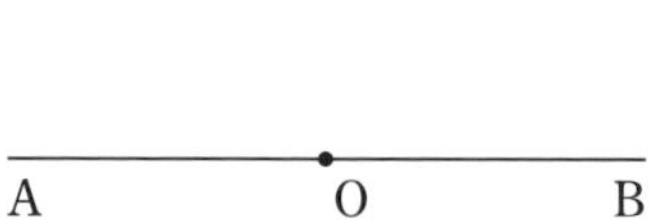

4 よく出る　基本の作図　点Pから直線ℓへの垂線を，次の図を利用して2通りの方法で作図しなさい。

(方法1)　• P

(方法2)　• P

ℓ ——

1 四角形APBQはすべての辺の長さが等しいので，ひし形といえる。

2 (2) まず，円の中心を作図によって求める。

解答 p.15

テストに出る！

予想問題 ② 6章 平面図形 2節 作図 (1)

🕓20分

/5問中

1 基本の作図　右の図で，線分 AD が △ABC の面積を二等分するような点Dを辺 BC 上に作図しなさい。

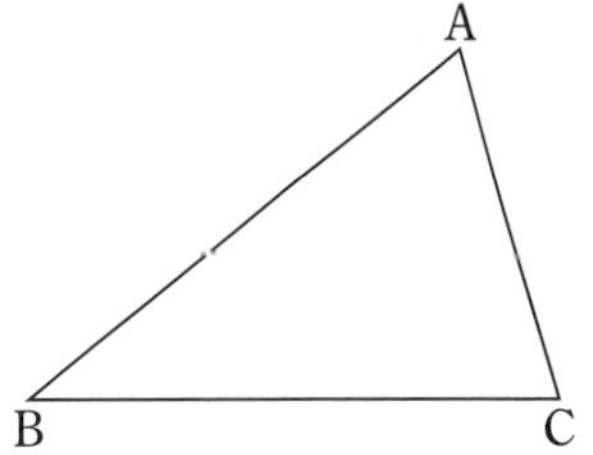

2 基本の作図　次の作図をしなさい。

(1) 線分 AB を 1 辺とする正三角形 ABC と，∠PAB＝30° となる辺 BC 上の点P

(2) ∠ABC＝90° で AB＝BC となる直角二等辺三角形 ABC

3 基本の作図　下の図の △ABC に，次の作図をしなさい。

(1) 辺 BC を底辺とするときの高さを表す線分 AH

(2) 辺 BC 上にあって，辺 AB，AC までの距離が等しい点P

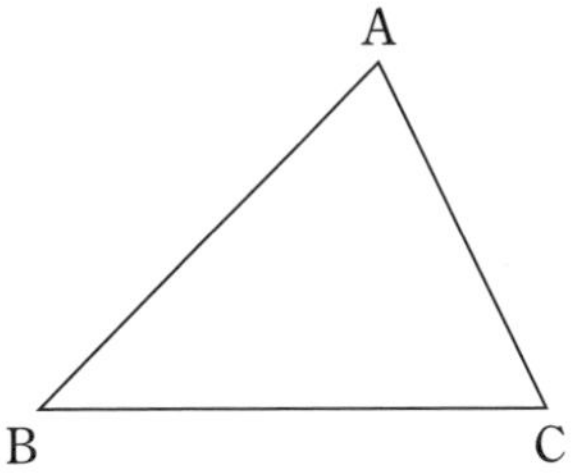

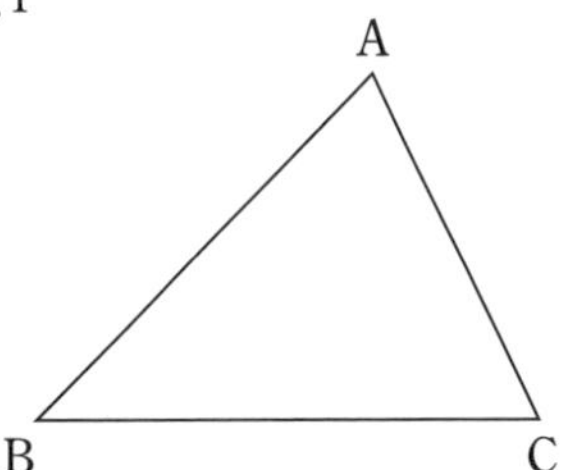

2 (1) ∠CAB＝60° だから，∠PAB は ∠CAB の二等分線を作図すればよい。

3 (2) 辺 AB，AC までの距離が等しい点は，∠BAC の二等分線上にある。

2節 作図(2) 3節 図形の移動 4節 円とおうぎ形の計量

テストに出る! 教科書のココが要点

さらっとまとめ (赤シートを使って，□に入るものを考えよう。)

1 図形の移動 教 p.188〜p.192

・平行移動

AA′ ＝ BB′ ＝ CC′

AA′ // BB′ // CC′

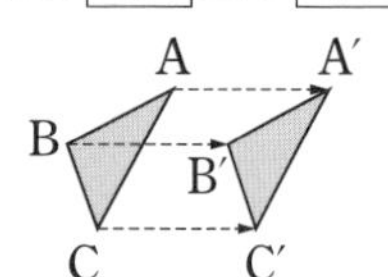

・回転移動

∠AOA′ ＝ ∠BOB′

＝ ∠COC′

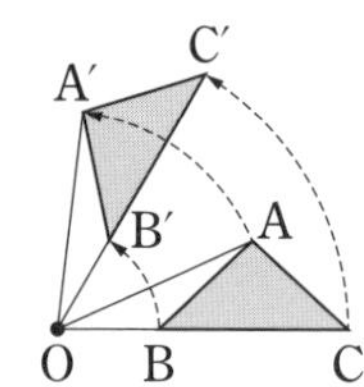

・対称移動

AM ＝ A′M＝$\frac{1}{2}$AA′

AA′ ⊥ ℓ

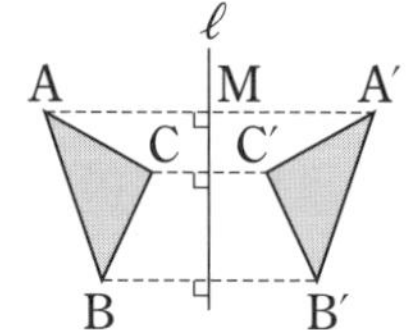

2 おうぎ形の弧の長さと面積 教 p.193〜p.198

・半径が r，中心角が $a°$ のおうぎ形の弧の長さ ℓ と面積 S

$\ell=$ $2\pi r\times\frac{a}{360}$ $S=$ $\pi r^2\times\frac{a}{360}$ 注「π」は円周率を表す。

※おうぎ形の弧の長さや面積は中心角の大きさに 比例 する。

スピード確認 (□に入るものを答えよう。答えは，下にあります。)

1

□ 図形を，ある方向に，ある距離だけずらす移動を ① 移動といい，対応する2点を結ぶ線分はすべて ② で長さは等しい。

□ 図形を，1つの点を中心として，ある向きに決まった角度だけ回転させる移動を ③ 移動といい，中心とした点を回転の ④ という。
回転の中心は，対応する2点から等しい距離にあり，対応する2点と回転の中心を結んでできる角の大きさはすべて ⑤ 。

□ 図形を，1つの直線を折り目として折り返す移動を ⑥ 移動といい，折り目とした直線を ⑦ という。
⑦ は，対応する2点を結ぶ線分の ⑧ である。

2

□ 半径が10 cm，中心角が144° のおうぎ形の弧の長さや面積は，1つの円の中心角の大きさに比例するので，
半径が10 cmの円の周の長さや面積の $\frac{⑨}{360}$＝ ⑩ (倍) である。

①
②
③
④
⑤
⑥
⑦
⑧
⑨
⑩

答 ①平行 ②平行 ③回転 ④中心 ⑤等しい ⑥対称 ⑦対称の軸 ⑧垂直二等分線 ⑨144 ⑩$\frac{2}{5}$

解答 p.15

基礎力UP テスト対策問題

1 図形の移動　次の問いに答えなさい。

(1) 右の図の △ABC を，矢印の方向に矢印の長さだけ平行移動してできる △A′B′C′ をかきなさい。

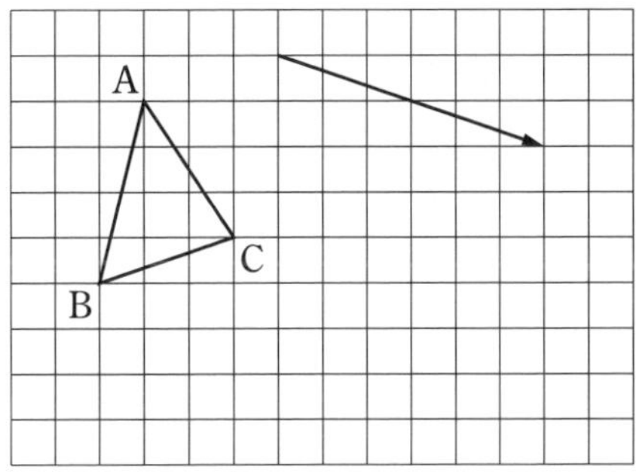

(2) ㋐では，点Oを中心として 180° 回転移動してできる図形を，㋑では，直線 ℓ を対称の軸として対称移動してできる図形を，それぞれかきなさい。

㋐
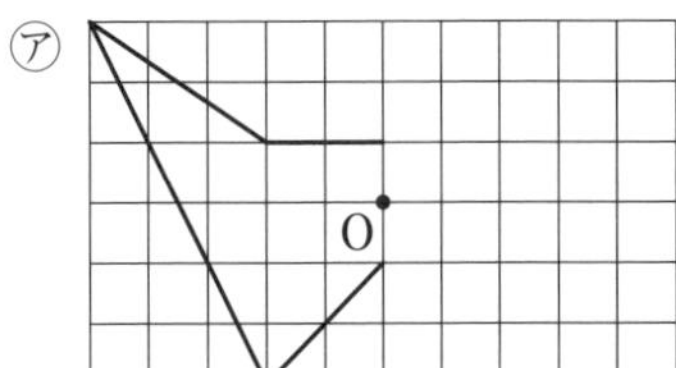

㋑
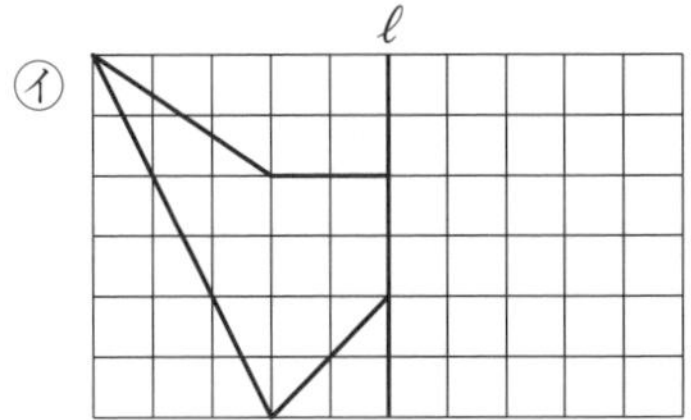

2 対称移動した図形　右の図は，直線 ℓ を対称の軸として対称移動してできた図形です。

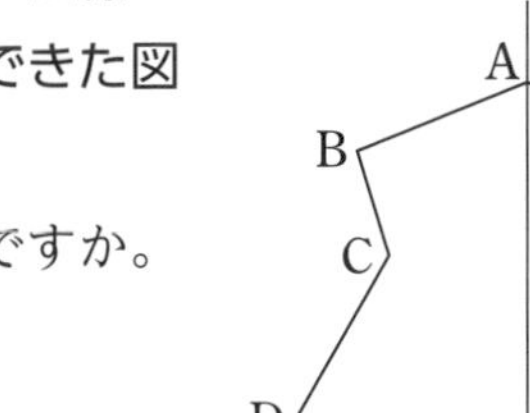

(1) 辺 BC に対応する辺はどれですか。

(2) ∠GFE に対応する角はどれですか。

(3) 次の□にあてはまる記号を答えなさい。

AB ①□ AH，DE ②□ FE

BH ③□ 直線 ℓ，BH ④□ CG ⑤□ DF

3 おうぎ形　右の図のおうぎ形について，次の問いに答えなさい。

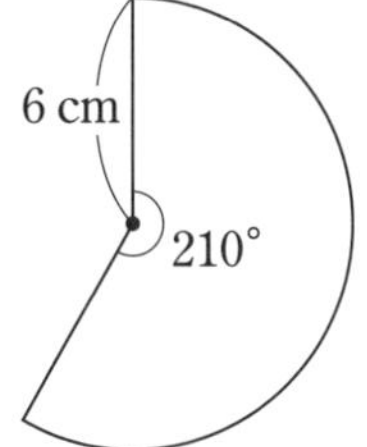

(1) このおうぎ形の弧の長さは，半径が 6 cm の円の円周の長さの何倍ですか。

(2) このおうぎ形の弧の長さと面積を求めなさい。

テスト対策ナビ

まず，各頂点がどう移動するかを調べよう。

思い出そう！

■線対称な図形
直線 ℓ を対称の軸として対称移動させたとき，もとの図形に重ね合わせることができる図形。

■点対称な図形
点Oを中心として 180° 回転移動させたとき，もとの図形に重ね合わせることのできる図形。

ポイント

■点対称移動
回転移動の中で，とくに 180° の回転移動を点対称移動という。点対称移動では，対応する点と回転の中心は，それぞれ 1 つの直線上にある。

円周の直径に対する割合を円周率といい，ギリシャ文字の π を使って表すよ。

解答 p.16

テストに出る！

予想問題 ① 6章 平面図形 2節 作図 (2) 3節 図形の移動

20分

/4問中

1 いろいろな作図　右の図のように，∠XOY と線分 OY 上に点Aがある。このとき，中心が ∠XOY の二等分線上にあり，線分 OY と点Aで接する円を作図しなさい。

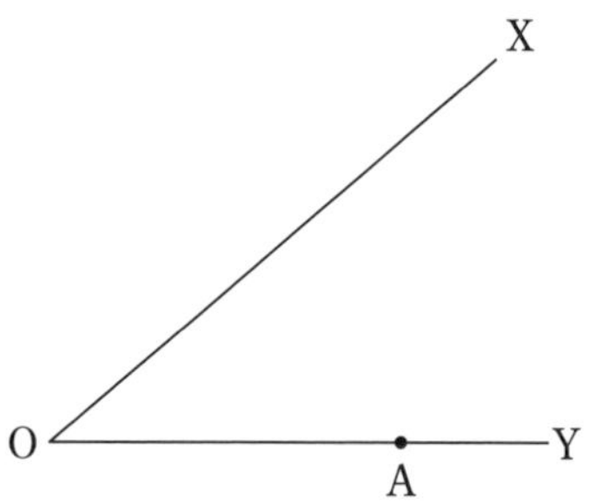

2 いろいろな作図　右の図のように，線分 AB と円Oがあり，円Oの周上に点Pをとるとき，△PAB の面積が最大となる点Pを作図して求めなさい。

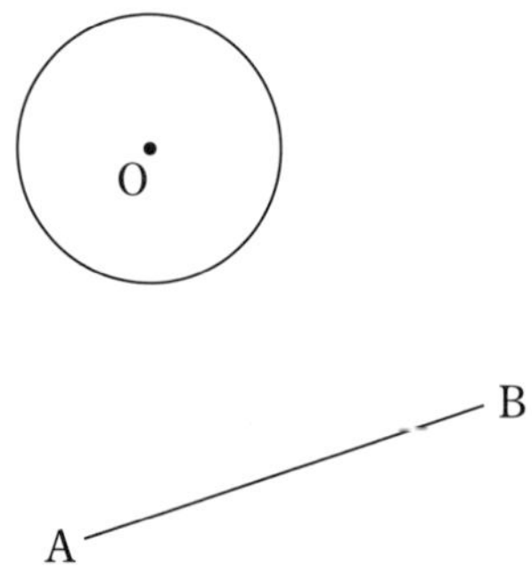

3 よく出る　対称移動　次の図で，△ABC を直線 ℓ を対称の軸として対称移動してできる △A′B′C′ をかきなさい。

(1)

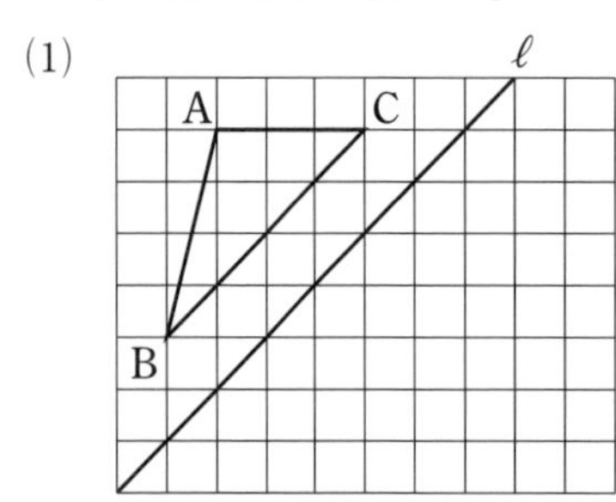

(2)

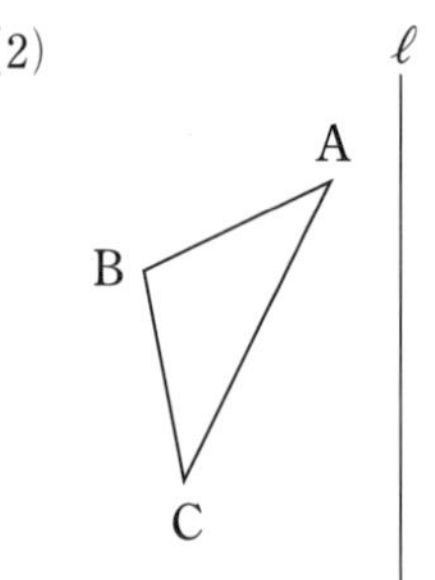

成績UPナビ

3 三角形の各頂点から対称の軸に垂線をひき，各点から対称の軸までと同じだけの距離を対称の軸の反対側にとる。

テストに出る！
予想問題 ②
6章 平面図形
3節 図形の移動　4節 円とおうぎ形の計量

20分

/10問中

1 よく出る 回転移動　右の図の △ABC を，点O を中心として 180° 回転移動してできる △A′B′C′ をかきなさい。

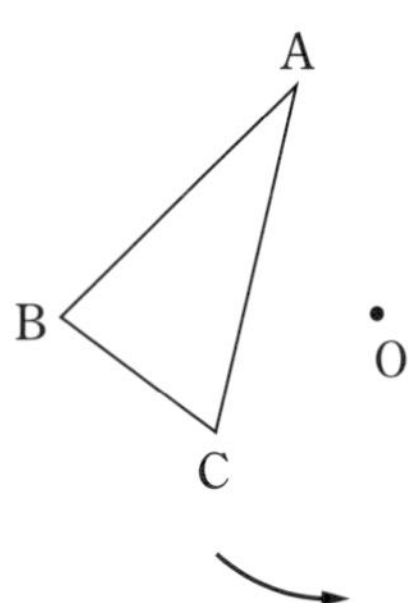

2 図形の移動　右の図は，△ABC を頂点Aが点Dに重なるまで平行移動し，次に点Dを中心として矢印の方向に 90° 回転移動したものです。

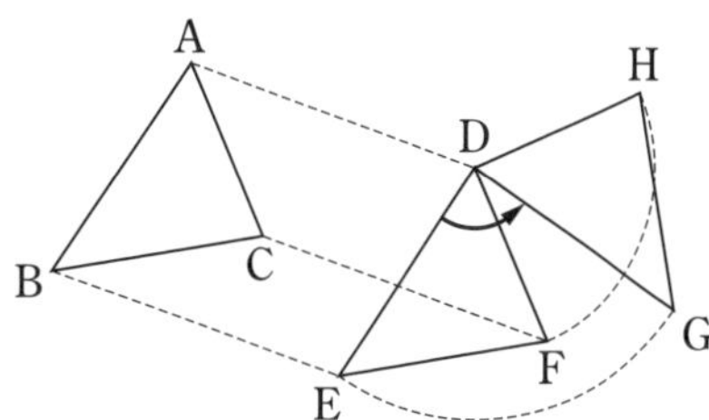

(1) 線分 AD と平行な線分をすべて答えなさい。

(2) 図の中で，大きさが 90° の角をすべて答えなさい。

(3) 辺 AB と長さの等しい辺をすべて答えなさい。

3 よく出る おうぎ形　次のおうぎ形の弧の長さと面積を求めなさい。

(1) 半径が 8 cm，中心角が 60°

(2) 半径が 30 cm，中心角が 300°

(3) 直径が 8 cm，中心角が 225°

3 半径 r，中心角 a° のおうぎ形では，弧の長さ $\ell=2\pi r\times\frac{a}{360}$，面積 $S=\pi r^2\times\frac{a}{360}$

テストに出る！

章末予想問題　6章 平面図形

30分　/100点

1 右の図のような3点A，B，Cを通る円Oを作図しなさい。〔14点〕

B•

A•　•C

2 右の図1のような長方形ABCDを，頂点Aと頂点Cが重なるように折り返したのが図2です。　10点×2〔20点〕

図1

図2

D′ C′ F A D B E C

(1)　∠AEF＝63° のとき，∠AEBの大きさを求めなさい。

(2)　図2にある折り目の線分EFを作図しなさい。

3 右のひし形ABCDについて，次の問いに答えなさい。　6点×6〔36点〕

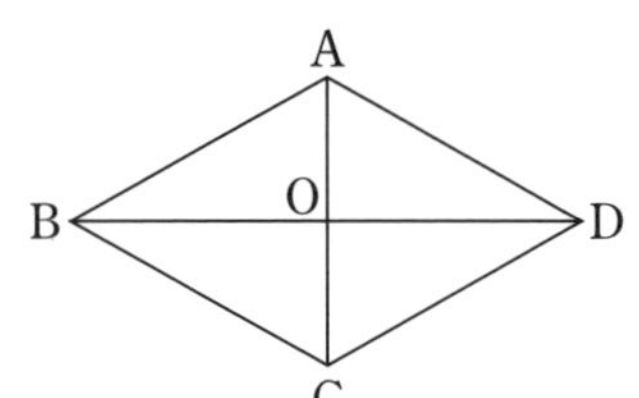

(1)　対角線BDを対称の軸とみた場合，辺ABに対応する辺，∠BCDに対応する角をそれぞれ答えなさい。

(2)　点Oを回転の中心とみた場合，辺ABに対応する辺，∠ACDに対応する角をそれぞれ答えなさい。

(3)　ひし形の向かい合う辺が平行であることを，記号を使って表しなさい。

(4)　△AODを，点Oを回転の中心として回転移動させて△COBに重ね合わせるには，何度回転させればよいですか。

解答 p.16

満点ゲット作戦

いろいろな作図のしかたを身につけよう。垂直二等分線や角の二等分線の考え方の使い分けができるようにしていこう。

4 次の作図をしなさい。 15点×2〔30点〕

(1) 円の中心が直線 ℓ 上にあって，2点A，Bを通る円O

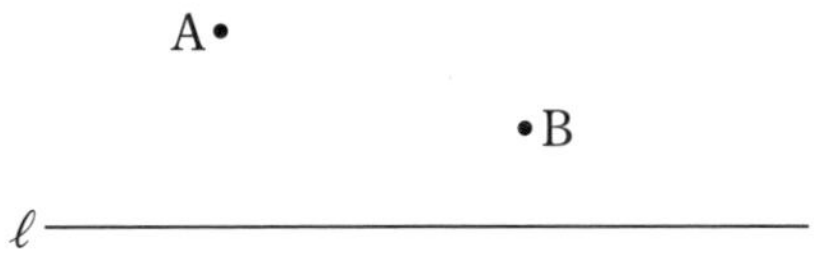

A•
•B
ℓ

(2) **差がつく** 直線 ℓ 上にあって，AP+PB が最小となる点P

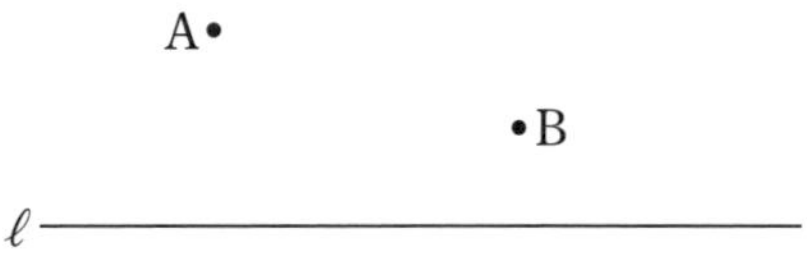

A•
•B
ℓ

1	B•　A•　•C	**2**	(1) (2) A D B C
3	(1) 辺　　角		
	(2) 辺　　角		
	(3)		(4)
4	(1) A•　•B　ℓ	(2) A•　•B　ℓ	

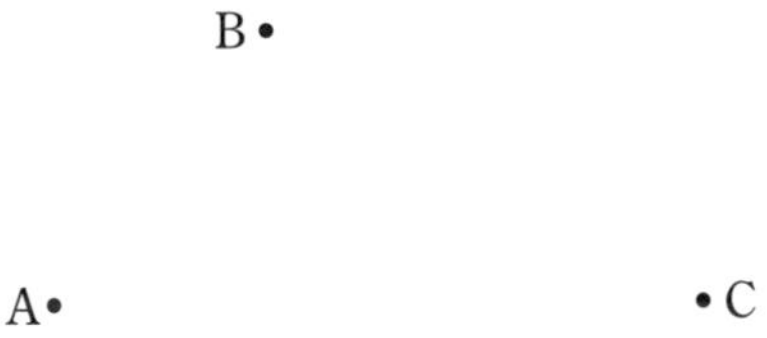

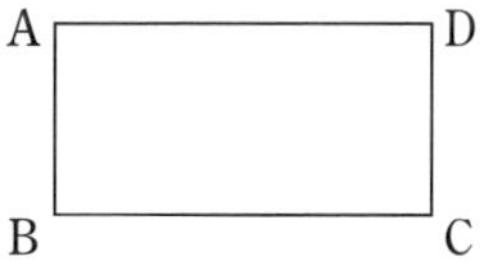

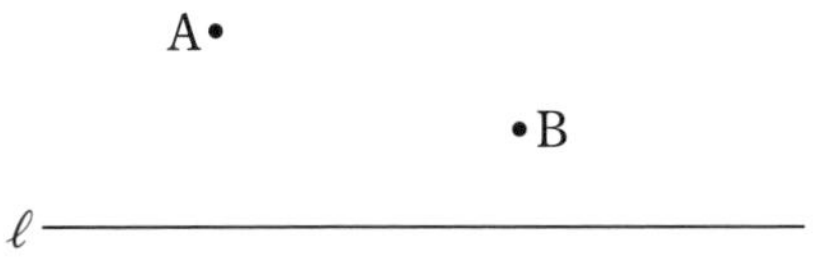

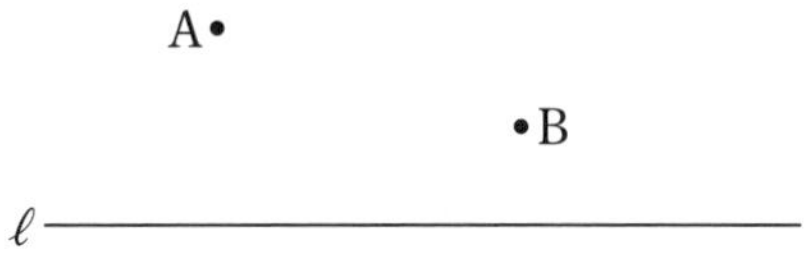

1	2	3	4
/14点	/20点	/36点	/30点

1節 空間図形の基礎　2節 立体の見方と調べ方 (1)

テストに出る！ 教科書のココが要点

さらっとまとめ（赤シートを使って，□に入るものを考えよう。）

1 いろいろな立体 教 p.208～p.210

・正多面体… 5 種類ある。

正四面体

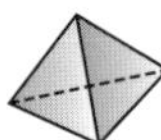

正六面体（立方体）

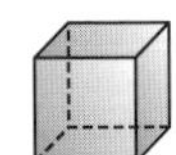

正八面体

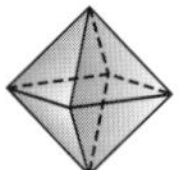

正十二面体

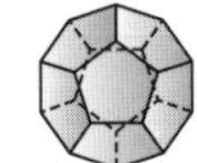

正二十面体

2 直線や平面の位置関係 教 p.211～p.217

・空間にある 2 直線…交わる/平行/ねじれの位置

同じ平面上にある　　同じ平面上にない

交わる　　平行　$\ell//m$　　ねじれの位置

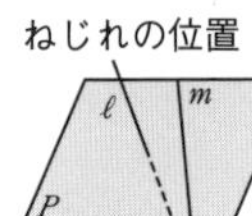

交わらない

・直線と平面…平面上にある/交わる/平行

平面上にある

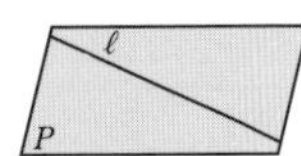

1 点で交わる

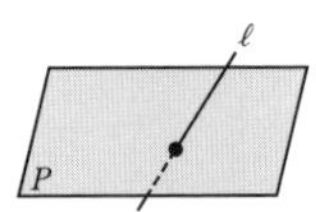

平行　$\ell//P$

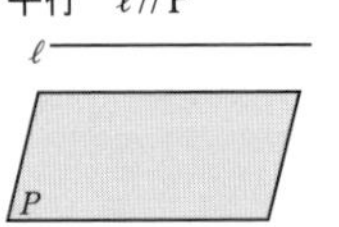

・ 2 平面…交わる/平行

交わる

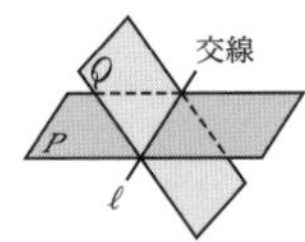

平行　$P//Q$

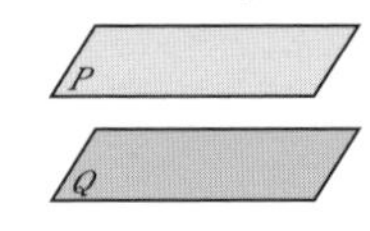

3 回転体 教 p.219～p.221

・円柱や円錐のように平面図形をある直線 ℓ のまわりに 1 回転させてできる立体を［回転体］，直線 ℓ を［回転の軸］，その側面をつくり出す線分を［母線］という。

スピード確認（□に入るものを答えよう。答えは，下にあります。）

2

□ 2 点をふくむ平面は 1 つに決まらないが，平行な 2 直線をふくむ平面は 1 つに［①］。

★ 1 直線上にない 3 点が決まれば，平面は 1 つに決まる。

□ 右の立方体で，辺 AB は辺 HG と［②］で，辺 AB は辺 BF と［③］である。
また，辺 AB は辺 CG と［④］にある。

★平行ではなく，交わらない 2 直線が「ねじれの位置」の関係にある。

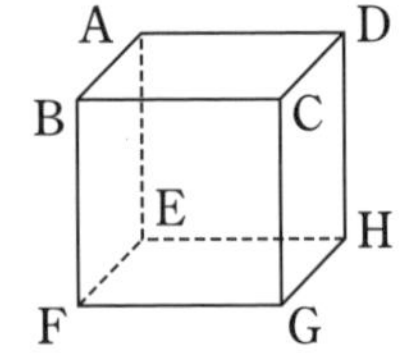

3

□ 円錐を回転の軸をふくむ平面で切ると，切り口は［⑤］になる。

①
②
③
④
⑤

答　①決まる　②平行　③垂直　④ねじれの位置　⑤二等辺三角形

解答 p.17

基礎力UP テスト対策問題

1 いろいろな立体　次の□にあてはまることばを答えなさい。

(1)　右のあやいのような立体を ① といい，底面が三角形，四角形，…の ① を，それぞれ ②，③，…という。また，うのような立体を ④ という。

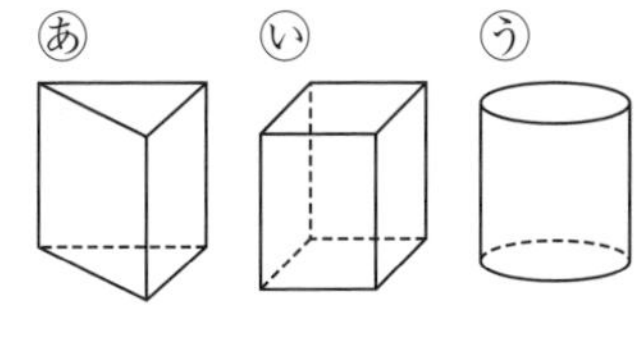

(2)　右のえやおのような立体を ① といい，底面が三角形，四角形，…の ① を，それぞれ ②，③，…という。また，かのような立体を ④ という。

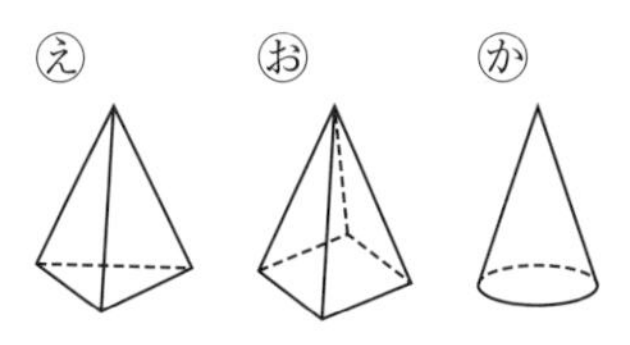

2 多面体　次の問いに答えなさい。

(1)　七面体である角柱は何角柱ですか。

(2)　八面体である角錐の底面は何角形ですか。

(3)　同じ大きさの2つの正四面体の1つの面どうしをぴったり合わせて，1つの立体をつくるとき，この立体は正多面体といえますか。また，その理由も答えなさい。

3 直線や平面の位置関係　右の図のような，直方体から三角錐を切り取った立体があります。

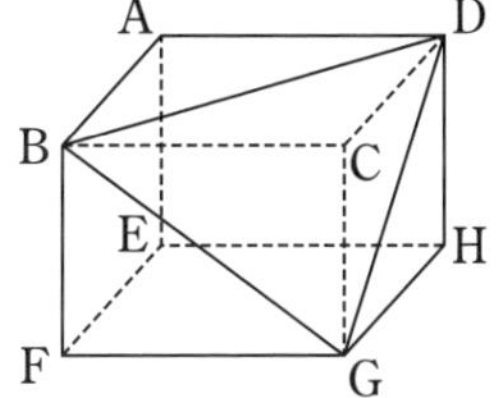

(1)　辺EHと垂直に交わる辺はどれですか。

(2)　辺ADと垂直な面はどれですか。

(3)　辺BDとねじれの位置にある辺は何本ありますか。

(4)　面ABDと平行な面はどれですか。

テスト対策ナビ

平面だけで囲まれた立体を「多面体」というよ。

ポイント

立体はできるだけ具体的にかいてみて，イメージをつかむようにする。

絶対に覚える!

空間にある2直線の位置関係は，
・交わる
・平行である
・ねじれの位置にある
の3つの場合がある。

テストに出る！

予想問題 ①

7章 空間図形　1節 空間図形の基礎　2節 立体の見方と調べ方 (1)

🕓20分　/28問中

1 よく出る　いろいろな立体　次の立体㋐～㋕について，表を完成させなさい。

㋐ 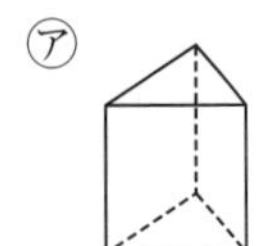 ㋑ 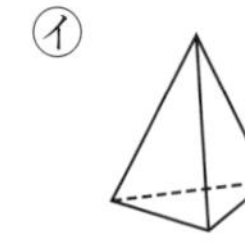 ㋒ 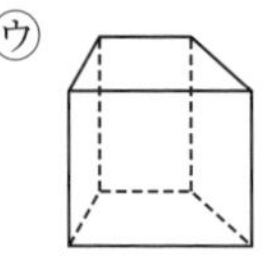 ㋓ 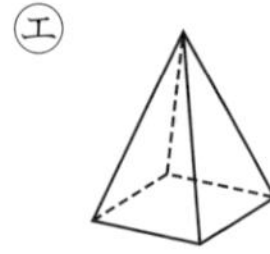 ㋔ 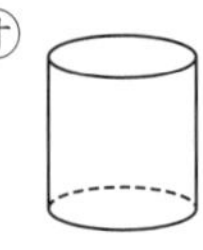 ㋕ 

	立体の名前	面の数	多面体の名前	底面の形	側面の形	辺の数
㋐	三角柱					9
㋑		4			三角形	
㋒				四角形		
㋓	四角錐		五面体			
㋔						
㋕						

2 よく出る　直線や平面の平行と垂直　右の直方体について，次のそれぞれにあてはまるものをすべて答えなさい。

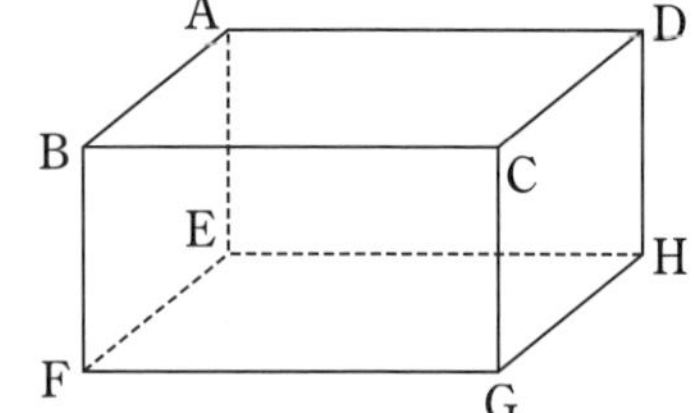

(1) 辺 AB と平行な辺

(2) 辺 BF と平行な面

(3) 面 ABFE と平行な面

(4) 面 AEHD と平行な辺

(5) 辺 AE とねじれの位置にある辺

(6) 辺 AB と垂直に交わる辺

(7) 面 ABFE と垂直な面

2 空間にある 2 直線では，平行ではなく，交わらないときに，ねじれの位置の関係になる。まずは，交わるか，交わらないかを調べよう。

テストに出る！
予想問題 ②　7章 空間図形　2節 立体の見方と調べ方 (1)

20分　/17問中

1 平面の決定　次の平面のうち，平面が１つに決まるものをすべて選び，記号で答えなさい。

㋐　２点をふくむ平面
㋑　１直線上にない３点をふくむ平面
㋒　平行な２直線をふくむ平面
㋓　交わる２直線をふくむ平面
㋔　ねじれの位置にある２直線をふくむ平面
㋕　１つの直線とその直線上にない１点をふくむ平面

2 面の動き　次の図をそれと垂直な方向に動かすと，どんな立体とみることができますか。また，できた立体を底面に垂直な直線をふくむ平面で切ると，その切り口はそれぞれどんな図形になりますか。

(1)　四角形

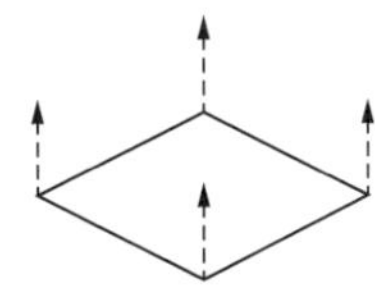

(2)　五角形

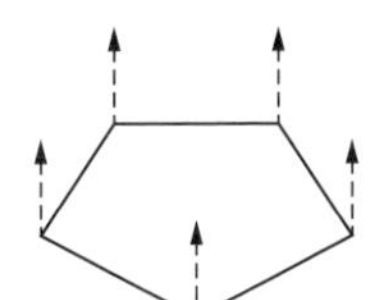

(3)　円

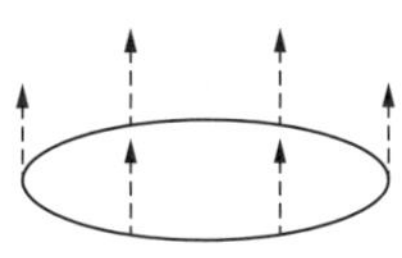

3 回転体　右の図形㋐，㋑，㋒を，直線 ℓ を軸として１回転させてできる立体について，次の問いに答えなさい。

(1)　右の図で，辺 AB のことを，１回転させてできる立体の何といいますか。

㋐ 長方形　㋑ 直角三角形　㋒ 半円

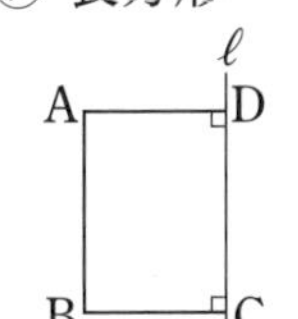

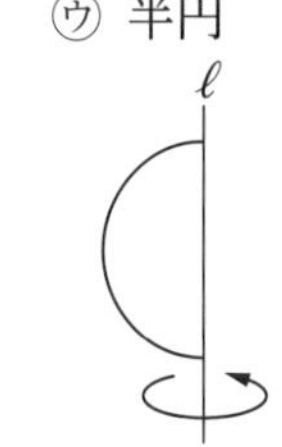

(2)　それぞれどんな立体ができますか。また，できた立体を回転の軸をふくむ平面で切ったり，回転の軸に垂直な平面で切ったりすると，その切り口はどんな図形になりますか。下の表を完成させなさい。

	㋐	㋑	㋒
立体			
回転の軸をふくむ平面で切る			
回転の軸に垂直な平面で切る			

2 角柱や円柱は，底面がそれと垂直な方向に動いてできた立体とも考えられ，動いた距離が高さになる。

2節 立体の見方と調べ方(2) 3節 立体の体積と表面積

テストに出る! 教科書のココが要点

さらっとまとめ (赤シートを使って，□に入るものを考えよう。)

1 投影図 教 p.224〜p.225

・正面から見た図（立面図）と，真上から見た図（平面図）をあわせて投影図という。

※投影図では，立面図と平面図の対応する点を上下でそろえてかき，破線で結んでおく。また，実際に見える辺は実線で示し，見えない辺は破線で示す。

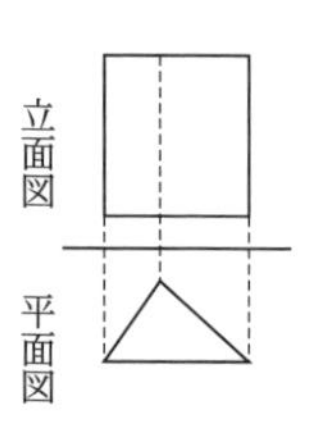

2 立体の体積と表面積 教 p.227〜p.233

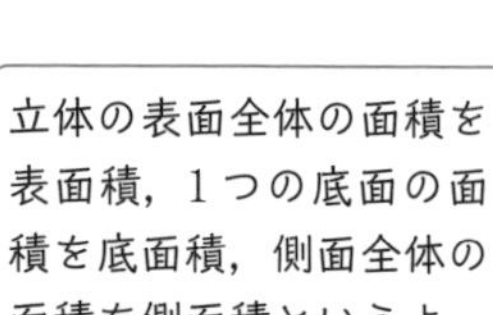

・角柱や円柱の体積　(体積)＝(底面積)×(高さ)

・角錐や円錐の体積　(体積)＝$\frac{1}{3}$×(底面積)×(高さ)

・角柱や円柱の表面積　(表面積)＝(底面積)×2＋(側面積)

・角錐や円錐の表面積　(表面積)＝(底面積)＋(側面積)

・半径がrの球の体積Vと表面積S　$V=\frac{4}{3}\pi r^3$　$S=4\pi r^2$

スピード確認 (□に入るものを答えよう。答えは，下にあります。)

1

□ 右の投影図で，立面図は二等辺三角形，平面図は ① だから，右の立体は ② を表している。

★立面図で「柱」か「錐」を判断する。

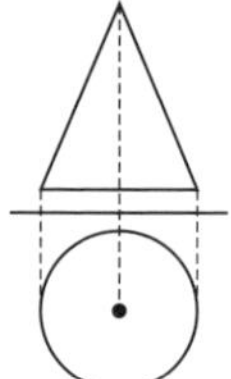

2

□ 右下の図は，円柱とその展開図です。
この円柱について，
底面積は ③ cm²,
側面積は ④ cm² だから，

★側面の展開図の長方形は，その横の長さが $2\pi\times3$ (cm)

表面積は ③×2＋④＝⑤ (cm²)

★円柱だから，底面が2つある。

体積は ③×6＝⑥ (cm³)

□ 半径 12 cm の球の体積は ⑦ (cm³),
表面積は ⑧ (cm²)

★体積は $\frac{4}{3}\pi r^3$ に代入する。表面積は $4\pi r^2$ に代入する。

3 cm
6 cm

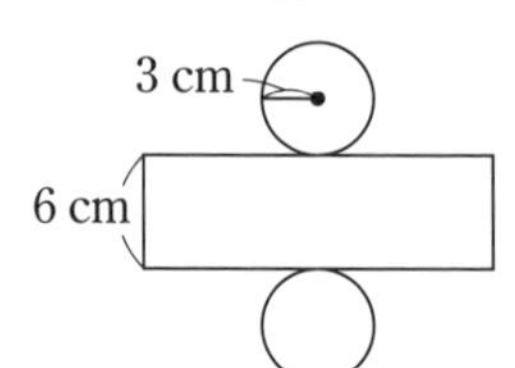

①＿＿＿＿
②＿＿＿＿
③＿＿＿＿
④＿＿＿＿
⑤＿＿＿＿
⑥＿＿＿＿
⑦＿＿＿＿
⑧＿＿＿＿

答 ①円 ②円錐 ③$9\pi$ ④$36\pi$ ⑤$54\pi$ ⑥$54\pi$ ⑦$2304\pi$ ⑧$576\pi$

解答 p.18

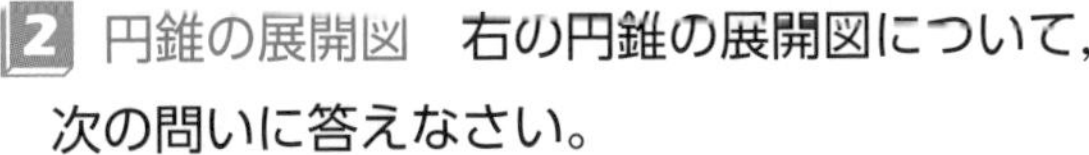

1 円柱の展開図　底面の半径が 16 cm の円柱があります。この円柱の展開図をかくとき，側面になる長方形の横の長さは何 cm にすればよいですか。

2 円錐の展開図　右の円錐の展開図について，次の問いに答えなさい。

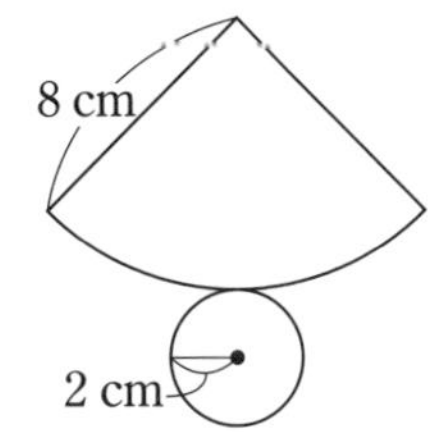

(1)　側面になるおうぎ形の中心角を求めなさい。

(2)　側面になるおうぎ形の面積を求めなさい。

3 投影図　右の図は正四角錐の投影図の一部を示したものです。かきたりないところをかき加えて，投影図を完成させなさい。

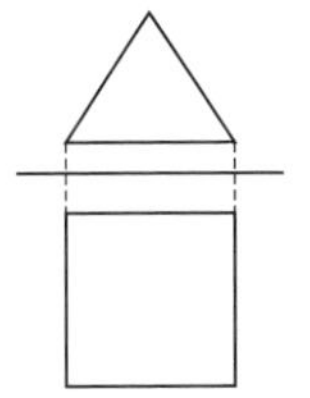

4 体積　次の立体の体積を求めなさい。

(1)　正四角錐

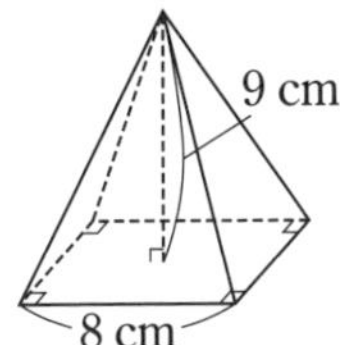

(2)　円錐

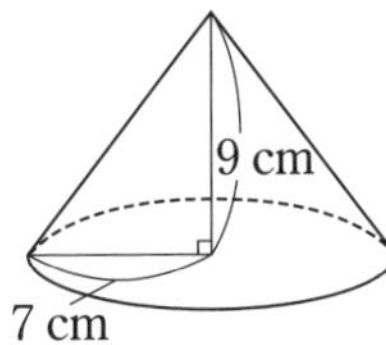

5 表面積　次の立体の表面積を求めなさい。

(1)　正四角錐

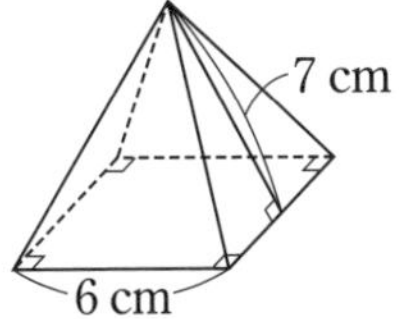

(2)　円錐

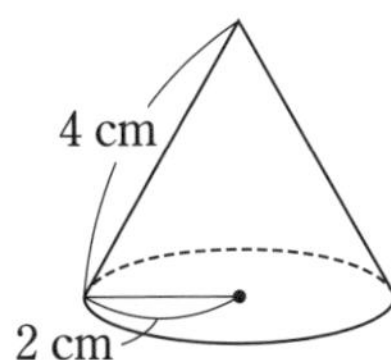

テスト対策ナビ

ポイント

円錐の表面積の求め方

1　展開図をかく。
2　底面積を求める。
3　底面の円の周の長さが側面のおうぎ形の弧の長さに等しいことを利用して中心角を求める。
4　側面積を求めて，(底面積)＋(側面積)を計算する。

角錐や円錐の体積を求めるときは，$\frac{1}{3}$ をかけることを忘れないようにしよう。

テストに出る！

予想問題 ① 7章 空間図形 2節 立体の見方と調べ方 (2)

20分 /10問中

1 角錐の展開図　右の図は，ある立体の展開図です。△CDE は正三角形で，ほかの三角形はすべて二等辺三角形であるとき，この展開図を組み立ててできる立体について，次の問いに答えなさい。

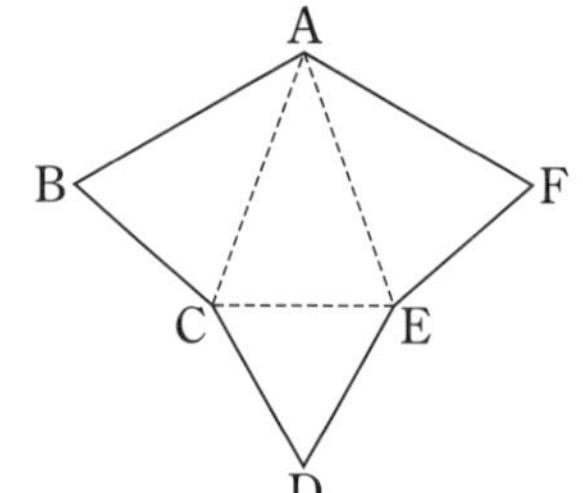

(1)　立体の名前は何ですか。

(2)　点Bと重なる点はどれですか。また，辺 AB と重なる辺はどれですか。

(3)　辺 AC とねじれの位置にある辺はどれですか。

2 よく出る　立体の投影図　次の(1)～(3)の投影図は，三角錐，四角柱，四角錐，円柱，球のうち，どの立体を表していますか。

(1)

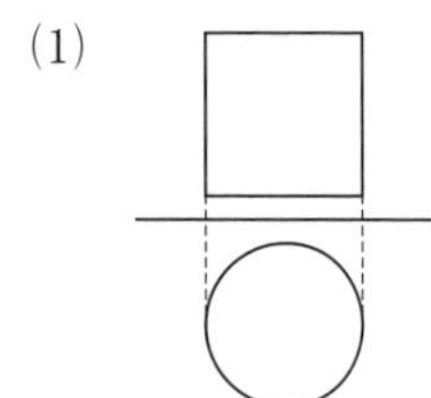

(2)

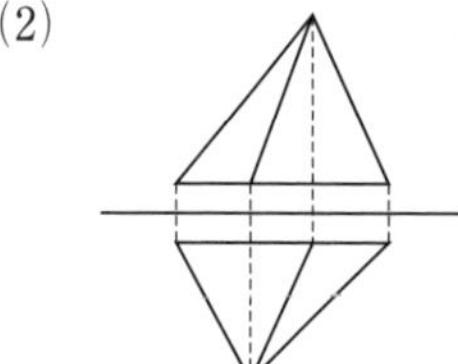

(3)

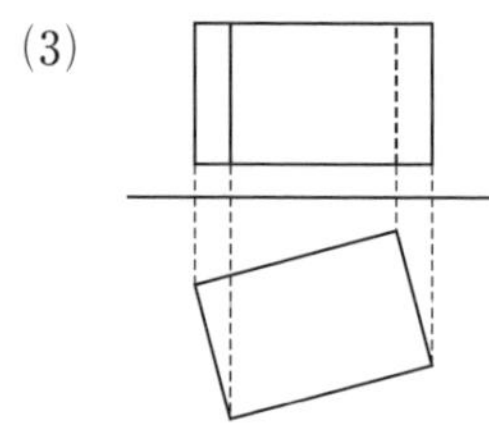

3 立体の投影図　右の図は，正四角錐の投影図の一部を示したものです。

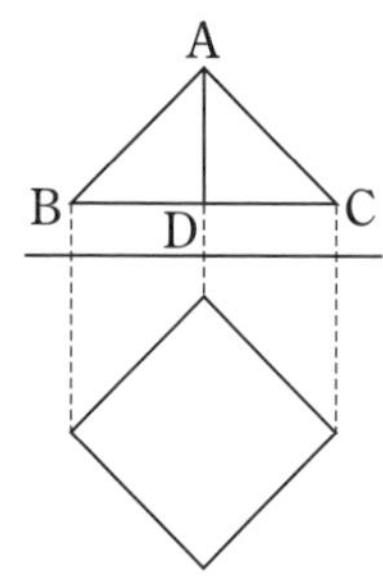

(1)　立面図の線分 AB，BC，AD のうち，実際の辺の長さが示されているのはどれですか。

(2)　かきたりないところをかき加えて，投影図を完成させなさい。

4 立体の投影図　立方体をある平面で切ってできた立体を投影図で表したら，図1のようになりました。図2は，その立体の見取図の一部を示したものです。図のかきたりないところをかき加えて，見取図を完成させなさい。

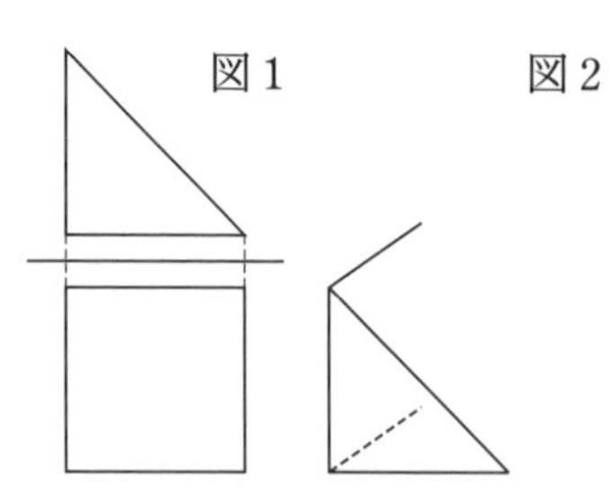

1 **3** 見取図をかいて考えてみよう。
4 まずは図1を見て，自分なりの見取図をかいてみよう。

テストに出る！

予想問題 ②

7章 空間図形
2節 立体の見方と調べ方 (2)　3節 立体の体積と表面積

20分　/14問中

1 よく出る　円錐の展開図　右の図の円錐の展開図をかくとき，次の問いに答えなさい。

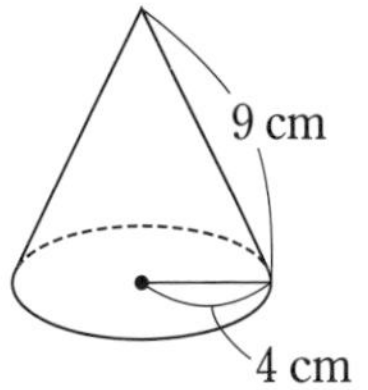

(1) 側面になるおうぎ形の半径を何 cm にすればよいですか。また，中心角を何度にすればよいですか。

(2) 側面になるおうぎ形の弧の長さと面積を求めなさい。

2 よく出る　立体の体積と表面積　次の立体の体積と表面積を求めなさい。

(1) 三角柱

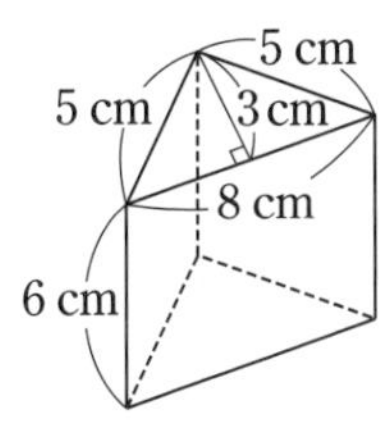

(2) 正四角錐

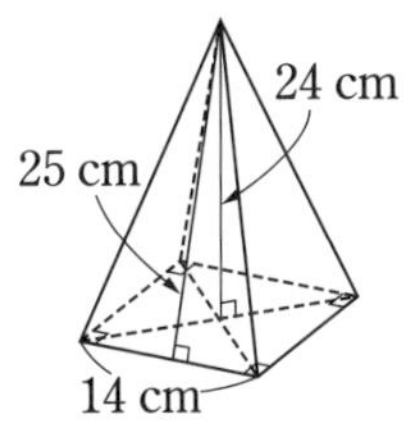

(3) 円柱

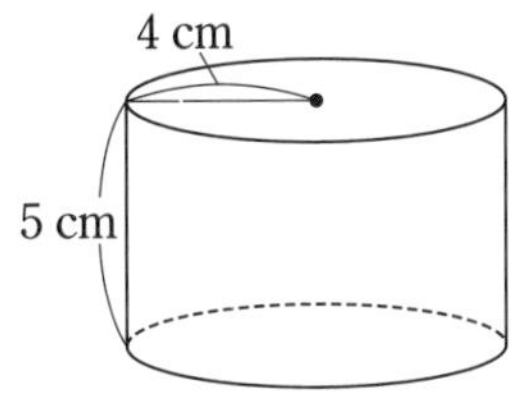

(4) 円錐

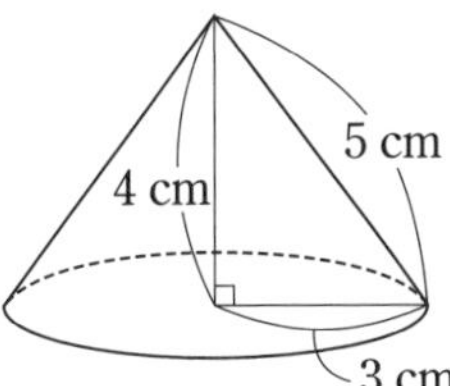

3 回転体の体積と表面積　右の図のような半径 3 cm，中心角 90° のおうぎ形を，直線 ℓ を軸として 1 回転させてできる立体の体積と表面積を求めなさい。

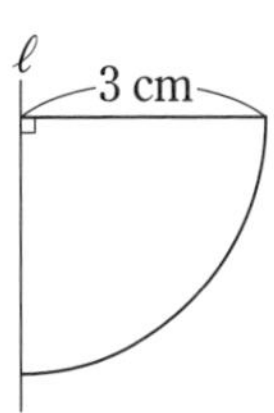

3 半径が r の球の体積 V と表面積 S　　$V=\frac{4}{3}\pi r^3$，$S=4\pi r^2$

テストに出る！

章末予想問題 7章 空間図形

⏱30分

/100点

1 次の立体㋐〜㋘の中から，(1)〜(5)のそれぞれにあてはまるものをすべて選び，記号で答えなさい。 5点×5〔25点〕

㋐ 正三角柱　㋑ 正四角柱　㋒ 正六面体　㋓ 円柱　㋔ 正三角錐
㋕ 正四角錐　㋖ 正八面体　㋗ 円錐　㋘ 球

(1) 正三角形の面だけで囲まれた立体

(2) 正方形の面だけで囲まれた立体

(3) 5つの面で囲まれた立体

(4) 平面図形を1回転させてできる立体

(5) 平面図形をそれと垂直な方向に動かしてできた立体

2 右の図は底面が AD∥BC の台形である四角柱です。この四角柱について，次のそれぞれにあてはまるものをすべて答えなさい。 5点×6〔30点〕

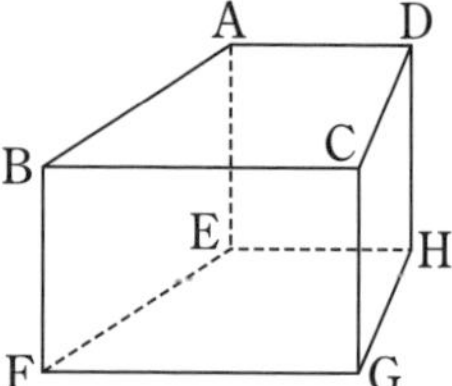

(1) 辺ADと平行な面

(2) 面ABFEと平行な辺

(3) 辺AEと垂直な面

(4) 面ABCDと垂直な辺

(5) 面AEHDと垂直な面

(6) 辺ABとねじれの位置にある辺

3 差がつく 空間にある直線や平面について述べた次の文のうち，正しいものをすべて選び，記号で答えなさい。 〔7点〕

㋐ 交わらない2直線は平行である。
㋑ 1つの直線に平行な2直線は平行である。
㋒ 1つの直線に垂直な2直線は平行である。
㋓ 1つの直線に垂直な2平面は平行である。
㋔ 1つの平面に垂直な2直線は平行である。
㋕ 平行な2平面上の直線は平行である。

解答 p.19

満点ゲット作戦

体積を求める→投影図や見取図で立体の形を確認する。
表面積を求める→展開図をかくとすべての面が確認できる。

4 次の(1)，(2)の投影図で表された角柱や円錐の体積を求めなさい。 8点×2〔16点〕

(1)

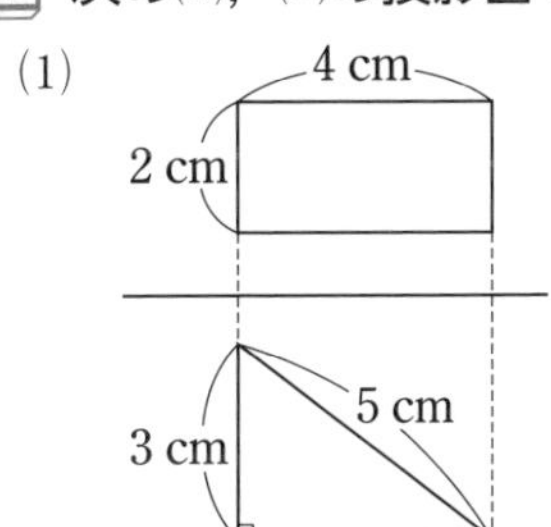

(2)

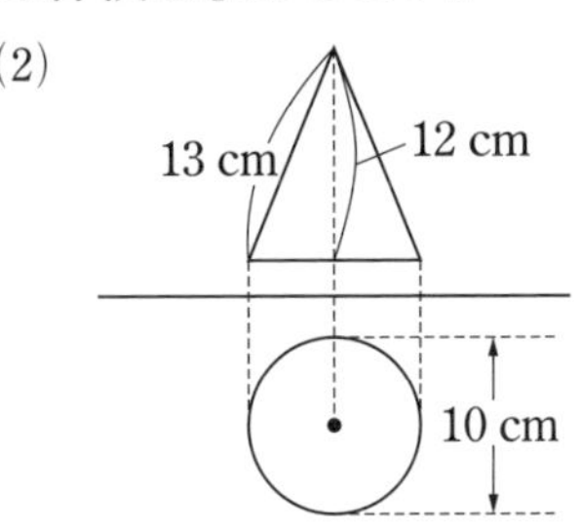

5 直方体のふたのない容器いっぱいに水を入れて，右の図のように傾けると，何 cm^3 の水が残りますか。 〔8点〕

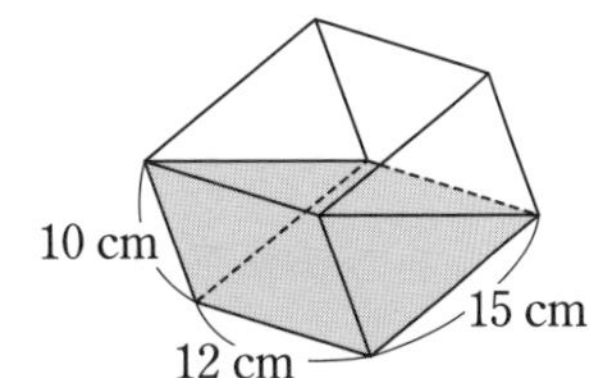

6 **差がつく** 右の図のような直角三角形と長方形を組み合わせた図形を，直線 ℓ を軸として1回転させてできる立体の体積と表面積を求めなさい。 7点×2〔14点〕

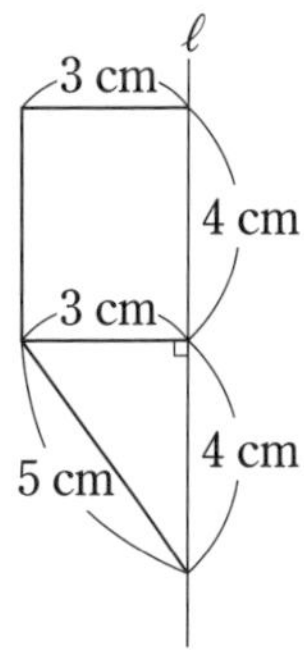

<table>
<tr><td rowspan="2">1</td><td>(1)</td><td>(2)</td><td>(3)</td></tr>
<tr><td>(4)</td><td>(5)</td><td></td></tr>
<tr><td rowspan="3">2</td><td>(1)</td><td colspan="2">(2)</td></tr>
<tr><td>(3)</td><td colspan="2">(4)</td></tr>
<tr><td>(5)</td><td colspan="2">(6)</td></tr>
<tr><td>3</td><td></td><td>4</td><td>(1)</td><td>(2)</td></tr>
<tr><td>5</td><td></td><td>6</td><td>体積</td><td>表面積</td></tr>
</table>

1	/25点	2	/30点	3	/7点	4	/16点	5	/8点	6	/14点

8章 データの分析

1節 度数の分布　2節 データの活用

テストに出る! 教科書のココが要点

さらっとまとめ (赤シートを使って，□に入るものを考えよう。)

1 度数の分布 教 p.242～p.253

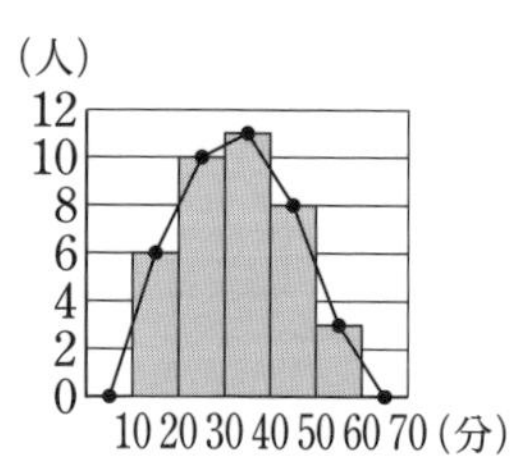

・階級の区間の幅を 階級の幅 という。
・度数の分布のようすを見やすくするためにかいた柱状グラフを ヒストグラム という。
ヒストグラムで，各長方形の上の辺の中点を順に結んだ折れ線グラフを 度数折れ線(度数分布多角形) という。
・データのとる値のうち，最大値から最小値をひいた値を 範囲 という。
・データの値を小さい順に並べたとき，中央にある値を 中央値(メジアン) という。
データの個数が偶数の場合は，中央に並ぶ 2 つの値の合計を 2 でわった値を中央値とする。
・データの中で，最も多く出てくる値を 最頻値(モード) という。
・度数分布表の階級の真ん中の値を，その階級の 階級値 という。
・ある階級の度数の，全体に対する割合を，その階級の 相対度数 という。
・最も小さい階級から各階級までの度数の合計を 累積度数 という。
・最も小さい階級から各階級までの相対度数の合計を 累積相対度数 という。

2 ことがらの起こりやすさ 教 p.254～p.256

・あることがらの起こりやすさの程度を表す値を，そのことがらの起こる 確率 という。
多数回の実験を行ったときでは， 相対度数 を確率と考えることができる。

スピード確認 (□に入るものを答えよう。答えは，下にあります。)

1 □ 右の表は，ある品物の重さを整理した表である。15 g 以上 20 g 未満の階級の階級値は ① ，最頻値は ② ，15 g 以上 20 g 未満の階級の相対度数は ③ である。また，15 g 以上 20 g 未満の階級までの累積度数は ④ である。

★度数分布表では，度数の最も多い階級の階級値を最頻値として用いる。

階級(g)	度数(個)
以上　未満	
5～10	8
10～15	26
15～20	13
20～25	3
計	50

①
②
③
④
⑤

2 □ ビンのふたを 1000 回投げて 450 回表が出たとき，表が出る確率は ⑤ であると考えられる。

答 ①17.5 g　②12.5 g　③0.26　④47 個　⑤0.45

 解答 p.19

テストに出る！

予想問題　8章 データの分析　1節 度数の分布　2節 データの活用

20分　/15問中

1 よく出る　度数分布表　右の表は，50人の生徒の身長を測定した結果を度数分布表にまとめたものです。

階級(cm)	度数(人)
以上　未満	
140〜145	9
145〜150	12
150〜155	14
155〜160	10
160〜165	5
計	50

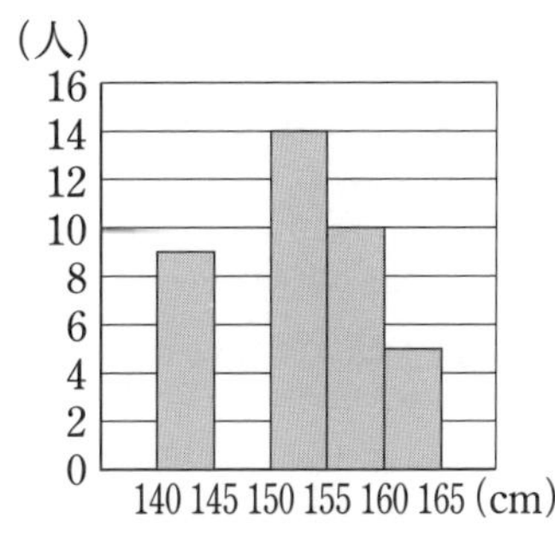

(1)　階級の幅を答えなさい。

(2)　身長が 156 cm の生徒は，どの階級に入りますか。

(3)　身長が 155 cm 以上の生徒は何人いますか。

(4)　上のヒストグラムを完成させなさい。また，度数折れ線をかき入れなさい。

2 よく出る　代表値，相対度数　右の表は，20人の生徒の通学時間を調べた結果を度数分布表にまとめたものです。

階級(分)	度数(人)	相対度数
以上　未満		
0〜10	3	0.15
10〜20	8	0.40
20〜30	6	①
30〜40	2	②
40〜50	1	0.05
計	20	③

(1)　20分以上30分未満の階級の階級値を求めなさい。

(2)　最頻値を求めなさい。

(3)　表の①〜③にあてはまる数を求めなさい。

(4)　30分以上40分未満の階級の累積相対度数を求めなさい。

3 範囲，中央値　下のデータは，9名の生徒のハンドボール投げの記録を調べたものです。

20，15，27，21，23，29，27，16，18　(m)

(1)　分布の範囲を求めなさい。

(2)　中央値を求めなさい。

(3)　上のデータに，10人目の生徒の記録 25 m が加わったときの中央値を求めなさい。

4 よく出る　確率　ペットボトルのキャップを投げる実験を2000回行ったところ，表が出た回数は380回でした。このペットボトルのキャップを投げたとき，表が出る確率は，どのくらいだと考えられますか。

3 (3)　データの総数が偶数(10個)になるとき，中央にある2つ(5番目と6番目)の値の合計を2でわった値を中央値とする。

テストに出る！

章末予想問題　8章 データの分析

15分　/100点

1 差がつく 右の表は，ある中学校の1年男子60人と女子50人について，英語のテストの得点をまとめたものです。　9点×4〔36点〕

階級(点)	度数(人)	
	男子	女子
以上　未満		
0〜 20	6	3
20〜 40	①	10
40〜 60	②	18
60〜 80	15	14
80〜100	6	5
計	60	50

(1) 得点が60点以上80点未満の階級の男子の相対度数を求めなさい。

(2) 得点が60点以上の人の割合が大きいのは男子と女子のどちらですか。

(3) 表から相対度数を求めたところ，20点以上40点未満の階級の男子の相対度数と20点以上40点未満の階級の女子の相対度数が等しくなりました。表の①，②にあてはまる数を求めなさい。

2 右の表は，40人の生徒の50 m走の記録を度数分布表にまとめたものです。　9点×6〔54点〕

階級(秒)	階級値(秒)	度数(人)	相対度数
以上　未満			
7.0〜7.4	7.2	2	0.05
7.4〜7.8	①	4	0.10
7.8〜8.2	8.0	12	③
8.2〜8.6	8.4	10	0.25
8.6〜9.0	8.8	②	④
9.0〜9.4	9.2	4	0.10
計		40	⑤

(1) 表の①〜⑤にあてはまる数を求めなさい。

(2) 7.8秒以上8.2秒未満の階級の累積相対度数を求めなさい。

3 ある野球チームの選手は1年間の打席数が96で，そのうちヒットは22本でした。この選手がヒットを打つ確率はおよそどのくらいだと考えられますか。小数第3位を四捨五入して答えなさい。　〔10点〕

1	(1)	(2)	(3) ①　②
2	(1) ①	②	③
	④	⑤	(2)
3			

1	/36点	**2**	/54点	**3**	/10点

中間・期末の攻略本

取りはずして使えます！

解答と解説

教育出版版　数学1年

1章　整数の性質

p.3 予想問題

1 2, 3, 5, 7, 11, 13, 17, 19, 23, 29

2 (1) 3^4

(2) $2^3 \times 3 \times 7$

(3) $2^2 \times 3^2 \times 5$

(4) $3 \times 5^2 \times 7$

3 (1) 1, 2, 3, 4, 6, 9, 12, 18, 36

(2) 1, 2, 3, 4, 6, 7, 12, 14, 21, 28, 42, 84

4 最小公倍数… 3465

最大公約数… 15

5 (1) 10, 60

(2) 6, 24, 54, 216

解説

3 (1) $36 = 2^2 \times 3^2$ より，約数は，1, 2, 3, 2^2, 2×3, 3^2, $2^2 \times 3$, 2×3^2, $2^2 \times 3^2$

(2) $84 = 2^2 \times 3 \times 7$ より，約数は，1, 2, 3, 2^2, 2×3, 7, $2^2 \times 3$, 2×7, 3×7, $2^2 \times 7$, $2 \times 3 \times 7$, $2^2 \times 3 \times 7$

4 $165 = \underline{3 \times 5} \times 11$

$315 = \underline{3 \times 5} \times 3 \times 7$

より，最小公倍数は，$3 \times 5 \times 11 \times 3 \times 7$

最大公約数は，3×5

5 (1) $360 = 2^3 \times 3^2 \times 5 = (2 \times 3)^2 \times 2 \times 5$

→ 2×5 をかけて，

$(2 \times 3 \times 2 \times 5)^2 = 60^2$

(2) $216 = 2^3 \times 3^3 = 2^2 \times 3^2 \times 2 \times 3$ より，

2×3, $2 \times 3 \times 2^2$, $2 \times 3 \times 3^2$, $2 \times 3 \times 2^2 \times 3^2$

でわる。

2章　正の数，負の数

p.5 テスト対策問題

1 (1) −3 時間　(2) +12 kg

2 (1) A…+3　B…+0.5

C…−2　D…−5.5

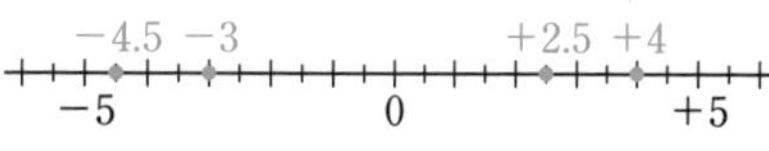

(2) −3

(3) ① $-7 < +2$

② $-5 < -3$

③ $-7 < -4 < +5$

④ $-1 < -0.1 < +0.01$

3 (1) ① 9　② 2.5

③ 7.2　④ 3.8

(2) +5, −5　(3) 9個

解説

1 ポイント　反対の性質をもつ数量は，正の符号，負の符号を使って表すことができる。

2 (1) 数直線では，基準の点に数 0, 0 より右側に正の数，左側に負の数を対応させている。

(3) 数直線をかいて考える。

③④ ミス注意！　3 つの数を大きさの順に並べるときは，数の小さいほうから，または，数の大きいほうから並べる。

3 (1) 絶対値は，正や負の数から，＋や－の符号を取り除いた数になる。小数の絶対値も整数と同じように考える。

(2) 注意　ある絶対値になるもとの数は，0 を除いて，＋と－の 2 つの数がある。

(3) 数直線をかいて大小関係を考えると，−4 以上 +4 以下の整数とわかる。

p.6 予想問題

1 (1) ① $-6°C$　② $+3.5°C$

(2) ① A地点を基準にして，それより東へ 800 m の地点

② A地点を基準にして，それより西へ 300 m の地点

2 (1) $-5<+3$

(2) $-4.5<-4$

(3) $-0.04<0<+0.4$

(4) $-\frac{2}{5}<-\frac{1}{4}$

3 (1) $-\frac{5}{2}$　(2) -2 と $+2$

(3) $+\frac{2}{3}$　(4) 3個

解説

2 ポイント　数の大小は数直線をかいて考える。特に，負の数どうしのときは注意する。

(3) (負の数)<0<(正の数)

(4) 分数は通分して考える。

$-\frac{1}{4}=-\frac{5}{20}$，$-\frac{2}{5}=-\frac{8}{20}$

$-\frac{8}{20}<-\frac{5}{20}$

または，分数を小数に直して考える。

$-\frac{1}{4}=-0.25$，$-\frac{2}{5}=-0.4$

$-0.4<-0.25$

3 数直線上に数を表して考える。

分数は小数に直して考える。

$+\frac{2}{3}=+0.66\cdots$　$-\frac{5}{2}=-2.5$

$-\frac{5}{2}$　-2.3　-0.8　$+\frac{2}{3}$　$+1.5$

-2　-1　0　$+1$　$+2$

(1) 数直線上で最も左にあるから，$-\frac{5}{2}$

(2) 絶対値は，符号をとって考えるとわかりやすくなる。

(3) 絶対値が最も小さい数は 0，小さいほうから 2 番目の数は，0 に最も近い $+\frac{2}{3}$

(4) 絶対値が 1 より小さい数は -1 から $+1$ の間の数である。

p.8 テスト対策問題

1 (1) -5　(2) -2　(3) 3

(4) -22　(5) -8　(6) -4

2 (1) 48　(2) 48　(3) -35

(4) -9

3 (1) 8^3　(2) $(-1.5)^2$

4 (1) -27　(2) -16　(3) 125

(4) 1000

5 (1) -10　(2) $\frac{5}{17}$　(3) $-\frac{1}{21}$

(4) $\frac{5}{3}$

6 (1) -6　(2) 12　(3) $-\frac{2}{9}$

(4) -15

解説

1 (1) $(-8)+(+3)=-(8-3)=-5$

(2) $(-6)-(-4)=(-6)+(+4)=-(6-4)=-2$

(3) $(+5)+(-8)+(+6)=5-8+6=5+6-8$
$=11-8=3$

2 (1) $(+8)\times(+6)=+(8\times6)=+48$

(2) $(-4)\times(-12)=+(4\times12)=+48$

(3) $(-5)\times(+7)=-(5\times7)=-35$

(4) $\left(-\frac{3}{5}\right)\times15=-\left(\frac{3}{5}\times15\right)=-9$

4 (1) $(-3)^3=(-3)\times(-3)\times(-3)$
$=-(3\times3\times3)=-27$

(2) $-2^4=-(2\times2\times2\times2)=-16$

(3) $(-5)\times(-5^2)=(-5)\times(-25)=+(5\times25)$
$=+125$

(4) $(5\times2)^3=10^3=10\times10\times10=1000$

5 注意　逆数は，分数では，分子と分母の数を逆にすればよい。(3)の -21 は $-\frac{21}{1}$，(4)の小数の 0.6 は分数の $\frac{3}{5}$ に直して考える。

6 (1) $(+54)\div(-9)=-(54\div9)=-6$

(2) $(-72)\div(-6)=+(72\div6)=+12$

(3) $(-8)\div(+36)=-(8\div36)=-\frac{8}{36}=-\frac{2}{9}$

(4) $18\div\left(-\frac{6}{5}\right)=18\times\left(-\frac{5}{6}\right)=-\left(18\times\frac{5}{6}\right)$
$=-15$

p.9 予想問題 ❶

1 (1) **22**　(2) **16**　(3) **-9.6**

(4) $\mathbf{\frac{1}{6}}$　(5) **-3**　(6) **-6**

(7) **-5**　(8) **6.8**　(9) **3.3**

(10) $\mathbf{-\frac{3}{4}}$

2 (1) **163 cm**　(2) **14 cm**

(3) **-12 cm**

解説

1 (1) $(+9)+(+13)=+(9+13)=+22$

(2) $(-11)-(-27)=(-11)+(+27)$
$=+(27-11)=+16$

(3) $(-7.5)+(-2.1)=-(7.5+2.1)=-9.6$

(4) $\left(+\frac{2}{3}\right)-\left(+\frac{1}{2}\right)=\left(+\frac{2}{3}\right)+\left(-\frac{1}{2}\right)$
$=\left(+\frac{4}{6}\right)+\left(-\frac{3}{6}\right)=+\left(\frac{4}{6}-\frac{3}{6}\right)=+\frac{1}{6}$

(5) $-7+(-9)-(-13)=-7-9+13$
$=-16+13=-3$

(6) $6-8-(-11)+(-15)=6-8+11-15=-6$

(7) $-5.2+(-4.8)+5=-5.2-4.8+5$
$=-10+5=-5$

(8) $4-(-3.2)+\left(-\frac{2}{5}\right)=4+3.2+(-0.4)$
$=7.2-0.4=6.8$

(9) $2-0.8-4.7+6.8=2+6.8-0.8-4.7$
$=8.8-5.5=3.3$

(10) $-1+\frac{1}{3}-\frac{5}{6}+\frac{3}{4}=-1-\frac{5}{6}+\frac{1}{3}+\frac{3}{4}$
$=-\frac{12}{12}-\frac{10}{12}+\frac{4}{12}+\frac{9}{12}=-\frac{22}{12}+\frac{13}{12}=-\frac{9}{12}$
$=-\frac{3}{4}$

2 (1) $160+3=163$ (cm)

(2) 基準との差を使って求める。
$(+8)-(-6)=8+6=14$ (cm)

別解 身長が最も高い生徒D
…$160+8=168$ (cm)
身長が最も低い生徒F
…$160-6=154$ (cm)
$168-154=14$ (cm)

(3) $+8$ が基準になるから,
$-4-(+8)=-12$ (cm)

p.10 予想問題 ❷

1 (1) **-120**　(2) **-0.92**　(3) **0**

(4) $\mathbf{\frac{1}{2}}$

2 (1) **340**　(2) **-1300**　(3) **-3000**

(4) **-69**

3 (1) **-9**　(2) **0**　(3) $\mathbf{\frac{5}{8}}$

(4) **-6**

4 (1) **12**　(2) **-16**　(3) **128**

(4) **15**　(5) **-10**　(6) $\mathbf{\frac{7}{2}}$

(7) **-2**　(8) **-12**

解説

2 (1) $4\times(-17)\times(-5)=4\times(-5)\times(-17)$
$=-20\times(-17)=+(20\times17)=+340$

(2) $13\times(-25)\times4=13\times\{(-25)\times4\}$
$=13\times(-100)=-1300$

(3) $-3\times(-8)\times(-125)=-3\times\{(-8)\times(-125)\}$
$=-3\times1000=-3000$

(4) $18\times23\times\left(-\frac{1}{6}\right)=18\times\left(-\frac{1}{6}\right)\times23$
$=(-3)\times23=-69$

3 (3) $\left(-\frac{35}{8}\right)\div(-7)=\left(-\frac{35}{8}\right)\times\left(-\frac{1}{7}\right)$
$=+\left(\frac{35}{8}\times\frac{1}{7}\right)=+\frac{5}{8}$

4 (1) $9\div(-6)\times(-8)=9\times\left(-\frac{1}{6}\right)\times(-8)$
$=+\left(9\times\frac{1}{6}\times8\right)=+12$

(2) $(-96)\times(-2)\div(-12)$
$=(-96)\times(-2)\times\left(-\frac{1}{12}\right)=-16$

(3) $-5\times16\div\left(-\frac{5}{8}\right)=-5\times16\times\left(-\frac{8}{5}\right)=+128$

(5) $\left(-\frac{3}{4}\right)\times\frac{8}{3}\div0.2=\left(-\frac{3}{4}\right)\times\frac{8}{3}\div\frac{1}{5}$
$=\left(-\frac{3}{4}\right)\times\frac{8}{3}\times\frac{5}{1}=-10$

(7) $(-3)\div(-12)\times32\div(-4)$
$=(-3)\times\left(-\frac{1}{12}\right)\times32\times\left(-\frac{1}{4}\right)=-2$

(8) $(-20)\div(-15)\times(-3^2)$
$=(-20)\times\left(-\frac{1}{15}\right)\times(-9)=-12$

p.11 予想問題 ❸

1 (1) -44　(2) -4　(3) -10
(4) 10.8　(5) 1.5　(6) 1
(7) $\dfrac{29}{9}$　(8) $-\dfrac{3}{4}$

2 (1) ㋑　(2) ㋐　(3) ㋒
(4) ㋒　(5) ㋑

3 (1) -6 冊　(2) 8 冊　(3) 23 冊

解説

1 注意 「乗除→加減」の順序で計算する。

(1) $4-(-6)\times(-8)=4-48=-44$

(2) $-7-24\div(-8)=-7+3=-4$

(3) $6\times(-5)-(-20)=-30+20=-10$

(4) $(-1.2)\times(-4)-(-6)=4.8+6=10.8$

(5) $6.3\div(-4.2)-(-3)=-1.5+3=1.5$

(6) $\dfrac{6}{5}+\dfrac{3}{10}\times\left(-\dfrac{2}{3}\right)=\dfrac{6}{5}-\dfrac{1}{5}=\dfrac{5}{5}=1$

(7) $\dfrac{6}{7}\div\dfrac{3}{14}-\left(-\dfrac{7}{8}\right)\times\left(-\dfrac{8}{9}\right)$
$=\dfrac{6}{7}\times\dfrac{14}{3}-\dfrac{7}{8}\times\dfrac{8}{9}=4-\dfrac{7}{9}=\dfrac{29}{9}$

(8) $\dfrac{3}{4}\div\left(-\dfrac{2}{7}\right)-\left(-\dfrac{3}{2}\right)\times\dfrac{5}{4}$
$=\dfrac{3}{4}\times\left(-\dfrac{7}{2}\right)+\dfrac{3}{2}\times\dfrac{5}{4}$
$=-\dfrac{21}{8}+\dfrac{15}{8}=-\dfrac{6}{8}=-\dfrac{3}{4}$

2 ミス注意! 自然数は正の整数のことである。0 は正や負の数ではないが，整数である。

3 (1) $(-4)-(+2)=-6$ (冊)

(2) $(+2)-(-6)=+8$ (冊)

(3) Aが使ったノートの冊数は，クラスの冊数の平均より 4 冊少ない 21 冊だから，クラスの冊数の平均は $21+4=25$ (冊)
4 人のクラスの冊数の平均との差の平均は，
$\{(-4)+0+(+2)+(-6)\}\div4=-2$ (冊)
より，4 人が使ったノートの冊数の平均は，
$-2+25=23$ (冊)

別解 それぞれの冊数を求めてから，平均を求めることもできる。
A…21 冊　B…25 冊
C…27 冊　D…19 冊
だから，$(21+25+27+19)\div4=23$ (冊)

p.12～p.13 章末予想問題

1 (1) -10 分　(2) 「$+2$ 万円の支出」

2 (1) -7　(2) -10　(3) $-\dfrac{2}{7}$
(4) $-\dfrac{17}{12}$

3 (1) -50　(2) 3　(3) $\dfrac{8}{3}$
(4) -12　(5) 40　(6) -32
(7) -2　(8) -12　(9) 14
(10) -1　(11) 1　(12) -150

4 (1)

+2	−5	0
−3	−1	+1
−2	+3	−4

(2) -9

5 (1) 0.5 点　(2) 60.5 点

解説

2 注意 小数や分数の混じった計算は，小数か分数のどちらかにそろえてから計算する。

(3) $-\dfrac{2}{5}-0.6-\left(-\dfrac{5}{7}\right)=-\dfrac{2}{5}-\dfrac{3}{5}+\dfrac{5}{7}$
$=-1+\dfrac{5}{7}=-\dfrac{2}{7}$

(4) $-1.5+\dfrac{1}{3}-\dfrac{1}{2}+\dfrac{1}{4}=-\dfrac{3}{2}-\dfrac{1}{2}+\dfrac{1}{3}+\dfrac{1}{4}$
$=-2+\dfrac{4}{12}+\dfrac{3}{12}=-2+\dfrac{7}{12}=-\dfrac{17}{12}$

3 ポイント 「累乗，かっこの中の計算→乗除→加減」の順序で計算する。

(11) $15\times\left(\dfrac{2}{3}-\dfrac{3}{5}\right)=15\times\dfrac{2}{3}-15\times\dfrac{3}{5}$
$=10-9=1$

(12) $3\times(-18)+3\times(-32)$
$=3\times\{(-18)+(-32)\}=3\times(-50)=-150$

4 (1) 3 つの数の和は，
$(+2)+(-1)+(-4)=-3$ になる。
表はわかるところから，計算で求めていく。

5 (1) $\{(+6)+(-8)+(+18)+(-5)+0$
$+(-15)+(+11)+(-3)\}\div8=(+4)\div8$
$=+0.5$ (点)

(2) 基準の 60 点との差の平均が $+0.5$ 点だから，平均は $0.5+60=60.5$ (点)

別解 $(66+52+78+55+60+45+71+57)$
$\div8=484\div8=60.5$ (点)

3章　文字と式

p.15 テスト対策問題

1 (1) $-xy$　(2) a^3b^2
(3) $4x+2$　(4) $7-5x$
(5) $5(x-y)$　(6) $\dfrac{x-y}{5}$

2 (1) $(4x+50)$円
(2) 時速 $\dfrac{x}{2}$ km
(3) $(a-12b)$個
(4) $8(x-y)$ または $8(y-x)$

3 (1) $(100a-b)$ cm
(2) $\dfrac{7}{60}y$ km

4 (1) $0.21x$ 人
(2) $0.9a$ 円

5 (1) 2　(2) $-\dfrac{1}{9}$　(3) $\dfrac{1}{27}$

解説

1 (1) ミス注意! $-1xy$ とはしないこと。1は書かずにはぶく。

2 (2) (速さ)＝(道のり)÷(時間)
(3) 子どもに配ったみかんの数は，
$b\times 12=12b$
(4) 注意 差だから，ここでは $x-y$，$y-x$ のどちらを考えてもよい。

3 ミス注意! 単位をそろえて，式をつくる。
(1) a m＝$100a$ cmだから，$(100a-b)$ cm
(2) 7分＝$\dfrac{7}{60}$時間だから，
(道のり)＝(速さ)×(時間) より，
$y\times\dfrac{7}{60}=\dfrac{7}{60}y$

4 (比べられる量)＝(もとにする量)×(割合)
(1) 21％は，全体の0.21の割合を表す。
(2) 9割は，全体の0.9の割合を表す。

5 (1) $12a-2=12\times a-2=12\times\dfrac{1}{3}-2=2$
(2) $-a^2=-(a\times a)=-\left(\dfrac{1}{3}\times\dfrac{1}{3}\right)=-\dfrac{1}{9}$
(3) $\dfrac{a}{9}=\dfrac{1}{9}a=\dfrac{1}{9}\times a=\dfrac{1}{9}\times\dfrac{1}{3}=\dfrac{1}{27}$

p.16 予想問題

1 (1) $-5x$　(2) $\dfrac{5a}{2}$
(3) $\dfrac{ab^2}{3}$　(4) $\dfrac{x}{4y}$

2 (1) $2\times a\times b\times b$
(2) $x\div 3$
(3) $(-6)\times(x-y)$
(4) $a-b\div 5$

3 (1) $(300-10m)$ページ
(2) $(50x+100y)$円
(3) $\dfrac{x+y}{5}$

4 (1) 0　(2) 28　(3) $\dfrac{5}{8}$
(4) -22　(5) 7

5 式… $10a^2$ cm^3
$a=4$ のとき… 160 cm^3

解説

1 (3) $a\div 3\times b\times b=\dfrac{a}{3}\times b^2=\dfrac{ab^2}{3}$
(4) 除法は逆数をかけることと同じだから，
$x\div y\div 4=x\times\dfrac{1}{y}\times\dfrac{1}{4}=\dfrac{x}{4y}$

2 (2)(4) 分数はわり算の形で表せる。

3 (2) 50円切手 x 枚の代金は，$50\times x=50x$
100円切手 y 枚の代金は，$100\times y=100y$
(3) $(x+y)\div 5=\dfrac{x+y}{5}$

4 (1) $-2a-10=-2\times a-10$
$=-2\times(-5)-10$
$=10-10=0$
(2) $3+(-a)^2=3+\{-(-5)\}^2$
$=3+(+5)^2$
$=3+25=28$
(3) $-\dfrac{a}{8}=-\dfrac{-5}{8}=\dfrac{5}{8}$
別解 $-\dfrac{a}{8}=-\dfrac{1}{8}a=-\dfrac{1}{8}\times a$
$=-\dfrac{1}{8}\times(-5)=\dfrac{5}{8}$
(5) $a^2-2b^2=(-5)^2-2\times 3^2$
$=25-18=7$

p.18 テスト対策問題

1 (1) $13x$　(2) $-y$
(3) $x-4$　(4) $\frac{1}{2}a-4$
(5) $16a-3$　(6) $9x-13$

2 (1) $48a$　(2) y
(3) $7x+14$　(4) $-8x+2$
(5) $2x-1$　(6) $3x-4$

3 (1) $3x$　(2) $\frac{m}{6}$
(3) $5x-4$　(4) $-3x+7$

4 (1) $14x+7$　(2) $-19x+8$

5 (1) $30a=b$　(2) $xy \geqq 100$

解説

1 (1) $8x+5x=(8+5)x=13x$
(2) $2y-3y=(2-3)y=-1\times y=-y$
(3) $7x+1-6x-5=7x-6x+1-5$
$=(7-6)x-4=x-4$
(4) $4-\frac{5}{2}a+3a-8=-\frac{5}{2}a+3a+4-8$
$=-\frac{5}{2}a+\frac{6}{2}a-4=\frac{1}{2}a-4$
(5) $(7a-4)+(9a+1)=7a-4+9a+1$
$=16a-3$
(6) $(6x-5)-(-3x+8)=6x-5+3x-8$
$=9x-13$

2 (2) $6\times\frac{1}{6}y=6\times\frac{1}{6}\times y=1\times y=y$
(3) $7(x+2)=7\times x+7\times 2=7x+14$
(4) $(4x-1)\times(-2)=4x\times(-2)+(-1)\times(-2)$
$=-8x+2$

3 (1) $15x\div 5=\frac{15x}{5}=3x$
(2) $3m\div 18=\frac{3m}{18}=\frac{m}{6}$
(3) $(35x-28)\div 7=(35x-28)\times\frac{1}{7}=5x-4$
(4) $(-120x+280)\div 40=(-120x+280)\times\frac{1}{40}$
$=-3x+7$

4 (1) $2(4x-10)+3(2x+9)=8x-20+6x+27$
$=14x+7$
(2) $5(-2x+1)-3(3x-1)=-10x+5-9x+3$
$=-19x+8$

p.19 予想問題 ❶

1 (1) 項… $3a$, $-5b$
aの係数… 3　bの係数… -5
(2) 項… $-2x$, $\frac{y}{3}$
xの係数… -2　yの係数… $\frac{1}{3}$

2 (1) $10a$　(2) $-4b$
(3) $a+1$　(4) $\frac{3}{4}b-3$
(5) $-x-1$　(6) $-5x$
(7) $5x$　(8) $-8x-7$
(9) $3x-4$　(10) $2a-17$

3 和… $3x-2$　差… $15x+4$

4 (1) $-6x$　(2) $-16y$

解説

1 (1) $3a-5b=3a+(-5b)$
$3a=3\times a$
$-5b=-5\times b$
(2) $-2x=-2\times x$
$\frac{y}{3}=\frac{1}{3}y=\frac{1}{3}\times y$

2 ミス注意！ 文字の項と数の項はまとめられないことに注意する。
(2) $8b-12b=(8-12)b=-4b$
(3) $5a-2-4a+3=5a-4a-2+3=a+1$
(4) $\frac{b}{4}-3+\frac{b}{2}=\frac{b}{4}+\frac{b}{2}-3$
$=\frac{1}{4}b+\frac{2}{4}b-3=\frac{3}{4}b-3$
(5) $(3x+6)+(-4x-7)=3x+6-4x-7$
$=3x-4x+6-7=-x-1$
(6) $(-2x+4)-(3x+4)=-2x+4-3x-4$
$=-2x-3x+4-4=-5x$
(7) $(7x-4)+(-2x+4)=7x-4-2x+4$
$=7x-2x-4+4=5x$
(8) $(-4x-5)-(4x+2)=-4x-5-4x-2$
$=-4x-4x-5-2=-8x-7$

3 和…$(9x+1)+(-6x-3)=9x+1-6x-3$
$=3x-2$
差…$(9x+1)-(-6x-3)=9x+1+6x+3$
$=15x+4$

p.20 予想問題 ❷

1 (1) $24a-56$　(2) $-2m+5$
(3) $-x+\frac{1}{2}$　(4) $-10x+9$
(5) $-2a$　(6) $-\frac{1}{2}b$ $\left(-\frac{b}{2}\right)$
(7) $28x$　(8) $-\frac{12}{7}y$
(9) $-4x-3$　(10) $3y-2$
(11) $-4a+17$　(12) $-5m+1$
(13) $-24a+30$　(14) $45x+10$

2 (1) $16x-1$　(2) $12x-23$
(3) $12x-12$　(4) $-14x-51$
(5) $8x-7$　(6) $24x-14$

解説

1 (2) $-(2m-5)=(-1)\times(2m-5)$ と考える。

(7) $(-6x)\div\left(-\frac{3}{14}\right)=-6x\times\left(-\frac{14}{3}\right)$
$=-6\times\left(-\frac{14}{3}\right)\times x=28x$

(8) $\frac{3}{4}y\div\left(-\frac{7}{16}\right)=\frac{3}{4}y\times\left(-\frac{16}{7}\right)$
$=\frac{3}{4}\times\left(-\frac{16}{7}\right)\times y=-\frac{12}{7}y$

(11) $(20a-85)\div(-5)=(20a-85)\times\left(-\frac{1}{5}\right)$
$=20a\times\left(-\frac{1}{5}\right)+(-85)\times\left(-\frac{1}{5}\right)=-4a+17$

別解 $(20a-85)\div(-5)=\frac{20a-85}{-5}$
$=\frac{20a}{-5}+\frac{-85}{-5}=-4a+17$

(13) $(-18)\times\frac{4a-5}{3}=(-6)\times(4a-5)$
$=-24a+30$

(14) $\frac{9x+2}{3}\times15=(9x+2)\times5$
$=45x+10$

2 (2) $-2(4-3x)+3(2x-5)$
$=-8+6x+6x-15=12x-23$

(5) $\frac{1}{3}(6x-12)+\frac{3}{4}(8x-4)=2x-4+6x-3$
$=8x-7$

(6) $8\left(\frac{5}{2}x-1\right)-4\left(-x+\frac{3}{2}\right)=20x-8+4x-6$
$=24x-14$

p.21 予想問題 ❸

1 (1) 11 本
(2) ① 2　② $2n+1$
(3) 61 本

2 (1) $2x+3>15$　(2) $8a<100$
(3) $6x\geqq3000$　(4) $2a=3b$
(5) $0.3x<y$　(6) $50-8a=b$

解説

1 (1) 5 個の正三角形をつくるのに必要なマッチ棒は，左端の 1 本と，2 本のまとまりが 5 個できていると考えると，
$1+2\times5=11$ (本)

(2) n 個の正三角形をつくるのに必要なマッチ棒の本数は次のようになる。
(左端の 1 本)+(2 本のまとまり)$\times n$
$=1+2\times n=2n+1$

参考 1 個目の正三角形でマッチ棒を 3 本使い，2 個目以降は 2 本のまとまりで増えていくと考えると，
$3+2\times(n-1)=3+2n-2$
$=2n+1$

(3) $2n+1$ の n に 30 を代入して，
$2\times30+1=61$ (本)

2 ポイント 等式は「=」を使って表す。
不等式は「<，>，≦，≧」を使って表す。
a は b より小さい…$a<b$
a は b より大きい…$a>b$
a は b 以下である…$a\leqq b$
a は b 以上である…$a\geqq b$
a は b 未満である…$a<b$

(1) $x\times2+3>15$
(2) $a\times8<100$
(3) $x\times6\geqq3000$
(4) $a\times2=b\times3$
(5) ポイント 1 %は 0.01 と表せる。
果汁 30 % のジュース x mL にふくまれている果汁の量は $x\times0.3=0.3x$ (mL) である。
(6) 配ったりんごの数は，$a\times8=8a$ だから，
(全体の個数)−(配った個数)=(余った個数)
より考える。
※ $8a+b=50$ という等式でもよい。

p.22～p.23 章末予想問題

1 (1) $-2ab-5$　(2) $3x-\frac{y^2}{2}$
(3) $\frac{a(b+c)}{4}$　(4) $\frac{a^2c}{3b}$

2 (1) $\frac{x}{12}$ 円　(2) $5a-b$
(3) $2(x+y)$ cm　(4) $0.08a$ kg
(5) $(a-7b)$ m　(6) ab m

3 1個 x 円のみかん2個と1個 y 円のりんご2個の代金の合計

4 (1) 54　(2) $-\frac{5}{2}$

5 (1) $3x-2$　(2) $-\frac{3}{2}a-\frac{1}{3}$
(3) $-\frac{7}{6}a-\frac{3}{4}$　(4) $-16x+12$
(5) $-9x+4$　(6) $-6x+1$

6 (1) $2x=x+6$　(2) $x-10+y \leqq 25$

解説

4 (1) $3x+2x^2=3\times(-6)+2\times(-6)^2$
$=-18+72=54$

(2) $\frac{x}{2}-\frac{3}{x}=\frac{-6}{2}-\frac{3}{-6}=-3-\left(-\frac{1}{2}\right)=-\frac{5}{2}$

5 (1) $-x+7+4x-9=-x+4x+7-9$
$=3x-2$

(2) $\frac{1}{2}a-1-2a+\frac{2}{3}=\frac{1}{2}a-2a-1+\frac{2}{3}$
$=\frac{1}{2}a-\frac{4}{2}a-\frac{3}{3}+\frac{2}{3}=-\frac{3}{2}a-\frac{1}{3}$

(3) $\left(\frac{1}{3}a-2\right)-\left(\frac{3}{2}a-\frac{5}{4}\right)=\frac{1}{3}a-2-\frac{3}{2}a+\frac{5}{4}$
$=\frac{1}{3}a-\frac{3}{2}a-2+\frac{5}{4}=\frac{2}{6}a-\frac{9}{6}a-\frac{8}{4}+\frac{5}{4}$
$=-\frac{7}{6}a-\frac{3}{4}$

(4) $\frac{4x-3}{7}\times(-28)=(4x-3)\times(-4)$
$=-16x+12$

(5) $(-63x+28)\div 7=(-63x+28)\times\frac{1}{7}$
$=-63x\times\frac{1}{7}+28\times\frac{1}{7}=-9x+4$

(6) $2(3x-7)-3(4x-5)=6x-14-12x+15$
$=-6x+1$

4章　方程式

p.25 テスト対策問題

1 (1) ① 11　② 15　③ 19　④ 23
(2) ③

2 (1) ① 6　② 6　③ 6　④ 19
(2) ① 4　② 4　③ 4　④ -12

3 (1) $x=9$　(2) $x=-3$
(3) $x=8$　(4) $x=\frac{5}{6}$
(5) $x=5$　(6) $x=-5$
(7) $x=-3$　(8) $x=\frac{5}{3}$
(9) $x=-1$　(10) $x=2$

解説

1 (2) (1)の計算結果が，右辺の19になる値が答えになる。

2 (1) 移項の考え方で解くこともできる。
$x-6=13$
$x=13+6$　（左辺の -6 を右辺に移項する。）
$x=19$

3 ポイント　方程式を解くときは，x をふくむ項を左辺に，数の項を右辺に移項して $ax=b$ の形にしていく。

(1) $x+4=13$　$x=13-4$　$x=9$
(2) $x-2=-5$　$x=-5+2$　$x=-3$
(3) $3x-8=16$　$3x=16+8$　$3x=24$
$x=8$
(4) $6x+4=9$　$6x=9-4$　$6x=5$　$x=\frac{5}{6}$
(5) $x-3=7-x$　$x+x=7+3$　$2x=10$
$x=5$
(6) $6+x=-x-4$　$x+x=-4-6$
$2x=-10$　$x=-5$
(7) $4x-1=7x+8$　$4x-7x=8+1$
$-3x=9$　$x=-3$
(8) $5x-3=-4x+12$　$5x+4x=12+3$
$9x=15$　$x=\frac{5}{3}$
(9) $8-5x=4-9x$　$-5x+9x=4-8$
$4x=-4$　$x=-1$
(10) $7-2x=4x-5$　$-2x-4x=-5-7$
$-6x=-12$　$x=2$

p.26 予想問題 ❶

1 (1) -1　(2) 2　(3) 0

(4) 1

2 ㋐，㋓

3 (1) ① $-$　② $-$　③ -5

④ 2

(2) ① 3　② 3　③ 4

④ 4

(3) ① $+3x$　② $+3x$　③ x

④ 1

(4) ① $\frac{2}{3}$　② $\frac{2}{3}$　③ 4

④ 3

解説

1 **ポイント** それぞれの左辺と右辺に解の候補を代入して，両辺の値が等しくなれば，考えた候補の値はその方程式の解といえる。

(4) -2 左辺$=4\times(-2-1)=-12$

右辺$=-(-2)+1=3$

-1 左辺$=4\times(-1-1)=-8$

右辺$=-(-1)+1=2$

0 左辺$=4\times(0-1)=-4$

右辺$=-0+1=1$

1 左辺$=4\times(1-1)=0$

右辺$=-1+1=0$　←等しい。

2 左辺$=4\times(2-1)=4$

右辺$=-2+1=-1$

2 解が2だから，xに2を代入して，左辺＝右辺 となるものを見つける。

㋐ 左辺$=2-4=-2$

右辺$=-2$　←等しい。

㋑ 左辺$=3\times2+7=13$

右辺$=-13$

㋒ 左辺$=6\times2+5=17$

右辺$=7\times2-3=11$

㋓ 左辺$=4\times2-9=-1$

右辺$=-5\times2+9=-1$　←等しい。

より，㋐と㋓は2が解である。

3 **ポイント** 等式の性質を利用して，方程式を解けるようにしておく。

等式の性質の1 2については，移項の考え方を利用することもできる。

p.27 予想問題 ❷

1 (1) $x=10$　(2) $x=7$

(3) $x=-8$　(4) $x=-\frac{5}{6}$

(5) $x=50$　(6) $x=-6$

(7) $x=5$　(8) $x=-7$

(9) $x=-4$　(10) $x=2$

(11) $x=9$　(12) $x=-8$

(13) $x=-6$　(14) $x=\frac{1}{4}$

(15) $x=3$　(16) $x=6$

(17) $x=7$　(18) $x=-7$

解説

1 (1) $x-7=3$　$x=3+7$　$x=10$

(3) $-4x=32$　$-4x\times\left(-\frac{1}{4}\right)=32\times\left(-\frac{1}{4}\right)$

$x=-8$

別解 両辺を -4 でわると考えてもよい。

(5) $\frac{1}{5}x=10$　$\frac{1}{5}x\times5=10\times5$　$x=50$

(7) $3x-8=7$　$3x=7+8$　$3x=15$　$x=5$

(8) $-x-4=3$　$-x=3+4$　$-x=7$

$x=-7$

(9) $9-2x=17$　$-2x=17-9$　$-2x=8$

$x=-4$

(10) $6=4x-2$　$-4x=-2-6$　$-4x=-8$

$x=2$

(11) $4x=9+3x$　$4x-3x=9$　$x=9$

(12) $7x=8+8x$　$7x-8x=8$　$-x=8$

$x=-8$

(13) $-5x=18-2x$　$-5x+2x=18$

$-3x=18$　$x=-6$

(14) $5x-2=-3x$　$5x+3x=2$　$8x=2$

$x=\frac{1}{4}$

(15) $6x-4=3x+5$　$6x-3x=5+4$

$3x=9$　$x=3$

(16) $5x-3=3x+9$　$5x-3x=9+3$

$2x=12$　$x=6$

(17) $8-7x=-6-5x$　$-7x+5x=-6-8$

$-2x=-14$　$x=7$

(18) $2x-13=5x+8$　$2x-5x=8+13$

$-3x=21$　$x=-7$

p.29 テスト対策問題

1 (1) $x=3$ (2) $x=5$
(3) $x=2$ (4) $x=3$
(5) $x=-2$ (6) $x=33$

2 (1) ① $12+x$ ② $80(12+x)$
③ $240x$
(2) $80(12+x)=240x$
(3) 8時18分 (4) できない。

3 (1) $x=14$ (2) $x=4$
(3) $x=\frac{21}{4}$ (4) $x=19$

解説

1 (1) $2x-3(x+1)=-6$ $2x-3x-3=-6$
$2x-3x=-6+3$ $-x=-3$ $x=3$
(2) $0.7x-1.5=2$ は係数が小数だから，両辺に10をかけてから解く。 $7x-15=20$
$7x=20+15$ $7x=35$ $x=5$
(3) 両辺に10をかけて，$13x-30=2x-8$
$11x=22$ $x=2$
(4) 両辺に10をかけて，$4(x+2)=20$
$4x+8=20$ $4x=12$ $x=3$
(5) $\frac{1}{3}x-2=\frac{5}{6}x-1$ の両辺に分母の公倍数の6をかけて，係数を整数に直してから解く。
$2x-12=5x-6$ $2x-5x=-6+12$
$-3x=6$ $x=-2$
(6) 両辺に12をかけて，$4(x-3)=3(x+7)$
$4x-12=3x+21$ $x=33$

2 (3) $80(12+x)=240x$ $960+80x=240x$
$80x-240x=-960$ $-160x=-960$
$x=6$ $12+6=18$ (分)
(4) $1800=240x$ $x=7.5$ $16+7.5=23.5$ (分)
$80\times23.5=1880$ (m) より，兄は駅まで23.5分はかからないので，兄は駅に着いてしまう。

3 ポイント 比例式の性質
$a:b=c:d$ ならば $ad=bc$ を利用する。
(1) $x:8=7:4$ より，$4x=56$ だから，$x=14$
(2) $3:x=9:12$ より，$36=9x$ だから，$x=4$
(3) $2:7=\frac{3}{2}:x$ より，$2x=\frac{21}{2}$ だから，$x=\frac{21}{4}$
(4) $5:2=(x-4):6$ より，
$30=2(x-4)$ だから，$x=19$

p.30 予想問題 ❶

1 (1) $x=-6$ (2) $x=1$
(3) $x=-3$ (4) $x=-7$

2 (1) $x=8$ (2) $x=-4$
(3) $x=-4$ (4) $x=-6$

3 (1) $x=-6$ (2) $x=6$
(3) $x=-5$ (4) $x=\frac{7}{4}$

4 (1) $x=-1$ (2) $x=8$

5 $a=-3$

解説

1 (1) $3(x+8)=x+12$ $3x+24=x+12$
$3x-x=12-24$ $2x=-12$ $x=-6$
(2) $2+7(x-1)=2x$ $2+7x-7=2x$
$7x-2x=-2+7$ $5x=5$ $x=1$
(3) $2(x-4)=3(2x-1)+7$
$2x-8=6x-3+7$ $2x-8=6x+4$
$2x-6x=4+8$ $-4x=12$ $x=-3$
(4) $9x-(2x-5)=4(x-4)$
$9x-2x+5=4x-16$ $7x+5=4x-16$
$7x-4x=-16-5$ $3x=-21$ $x=-7$

2 (1) 10をかけて，$7x-23=33$ $7x=56$
$x=8$
(2) 100をかけて，$18x+12=-60$
$18x=-72$ $x=-4$
(3) 100をかけて，$100x+350=25x+50$
$100x-25x=50-350$ $75x=-300$
$x=-4$
(4) 10をかけて，$6x-20=10x+4$
$6x-10x=4+20$ $-4x=24$ $x=-6$

3 (1) 6をかけて，$4x=3x-6$ $x=-6$
(2) 4をかけて，$2x-4=x+2$ $x=6$
(3) 6をかけて，$2x-18=5x-3$ $-3x=15$
$x=-5$
(4) 30をかけて，$6x-5=10x-12$ $-4x=-7$
$x=\frac{7}{4}$

4 (1) 6をかけて，$3(x-1)=2(4x+1)$
$3x-3=8x+2$ $-5x=5$ $x=-1$
(2) 10をかけて，$5(3x-2)=2(6x+7)$
$15x-10=12x+14$ $3x=24$ $x=8$

5 x に2を代入して，$4+a=7-6$ より，$a=-3$

p.31 予想問題 ❷

1 (1) ① $4x$　② 13　③ $5x$
④ 15
(2) $(4x+13)$ 枚　$(5x-15)$ 枚
(3) 方程式…$4x+13=5x-15$
人数… 28 人
枚数… 125 枚

2 方程式…$5x-12=3x+14$
ある数… 13

3 方程式…$45+x=2(13+x)$
19 年後

4 方程式…$\frac{x}{2}+\frac{x}{3}=4$
道のり…$\frac{24}{5}$ km

5 (1) $x=10$　(2) $x=3$

解説

1 (3) $4x+13=5x-15$　$4x-5x=-15-13$
$-x=-28$　$x=28$
画用紙の枚数…$4\times28+13=125$ (枚)

2 $5x-12=3x+14$　$5x-3x=14+12$
$2x=26$　$x=13$

3 $45+x=2(13+x)$　$45+x=26+2x$
$x-2x=26-45$　$-x=-19$　$x=19$

4 表にして整理する。

	道のり (km)	速さ (km/h)	時間 (時間)
行き (山のふもとから山頂)	x	2	$\frac{x}{2}$
帰り (山頂から山のふもと)	x	3	$\frac{x}{3}$

$\frac{x}{2}+\frac{x}{3}=4$
両辺に 6 をかけて，$3x+2x=24$
$5x=24$　$x=\frac{24}{5}$

5 (1) $x:6=5:3$ より，$x\times3=6\times5$
$3x=30$　$x=10$
(2) $1:2=4:(x+5)$ より，$1\times(x+5)=2\times4$
$x+5=8$　$x=3$

p.32〜p.33 章末予想問題

1 (1) ×　(2) ○　(3) ×　(4) ○

2 (1) $x=7$　(2) $x=4$
(3) $x=-3$　(4) $x=6$
(5) $x=13$　(6) $x=-2$
(7) $x=-18$　(8) $x=2$

3 (1) $x=6$　(2) $x=36$
(3) $x=5$　(4) $x=8$

4 $a=2$

5 (1) $5x+8=6(x-1)+2$
(2) 長いす… 12 脚　生徒… 68 人

6 (1) $(360-x):(360+x)=4:5$
(2) 40 mL

解説

1 与えられた x の値を方程式の左辺と右辺に代入して両辺の値が等しくなるか調べる。

2 (4) 10 をかけて，$4x+30=10x-6$
$-6x=-36$　$x=6$
(5) かっこをはずして，$5x+25=10-24+8x$
$5x-8x=10-24-25$　$-3x=-39$　$x=13$
(6) 10 をかけて，$6(x-1)=34x+50$
$6x-6=34x+50$　$6x-34x=50+6$
$-28x=56$　$x=-2$
(7) 24 をかけて，$16x-6=15x-24$　$x=-18$
(8) 12 をかけて，$4(x-2)-3(3x-2)=-12$
$4x-8-9x+6=-12$　$-5x=-10$　$x=2$

3 (2) $9\times32=8x$　$x=36$
(3) $2x=10$　$x=5$
(4) $3(x+2)=30$　$3x+6=30$　$3x=24$　$x=8$

4 両辺に 2 をかけてから，x に 4 を代入する。
$2x-(3x-a)=-2$ より，$8-(12-a)=-2$
$8-12+a=-2$　$a=2$
別解 先に x に 4 を代入すると，
$4-\frac{3\times4-a}{2}=-1$　$4-\left(\frac{12}{2}-\frac{a}{2}\right)=-1$ より，$a=2$

5 (1) 生徒の人数は，
5 人ずつだと 8 人すわれない →$(5x+8)$ 人
6 人ずつだと最後の 1 脚は 2 人 →$\{6(x-1)+2\}$ 人
と表せる。6 人ずつすわる長いすの数は $(x-1)$ 脚になることに注意する。

6 (2) 比例式の性質を使うと，
$5(360-x)=4(360+x)$ より，$x=40$

5章　比例と反比例

p.35　テスト対策問題

1 (1) $-4 \leqq x \leqq 3$

(2) $0 < x < 7$

2 (1) $y=80x$　比例定数… 80

(2) $y=3x$　比例定数… 3

3 (1) ① $y=2x$　② $y=-10$

(2) ① $y=-4x$　② $x=-5$

4 A(2, 3)　B(0, 4)

C(−4, −2)　D(4, −4)

5

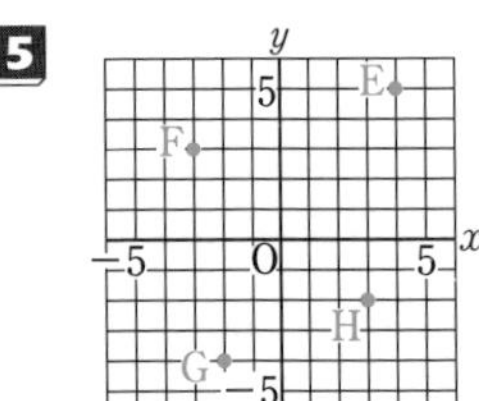

解説

1 注意　変域は不等号「<, >, ≦, ≧」を使って表す。

a は b より小さい… $a<b$

a は b より大きい… $a>b$

a は b 以下である… $a \leqq b$

a は b 以上である… $a \geqq b$

a は b 未満である… $a<b$

2 ポイント　比例定数は，比例では $y=ax$ の形で表された式の a のことである。

3 ポイント　y は x に比例するので，$y=ax$ と表し，x, y の値を代入して a の値を求める。

(1) ① $x=3$, $y=6$ を代入すると，

$6=a\times 3$ だから，$a=2$ となり，$y=2x$

② $y=2x$ に $x=-5$ を代入すると，

$y=2\times(-5)=-10$

(2) ① $x=6$, $y=-24$ を代入すると，

$-24=a\times 6$ だから，$a=-4$ となり，

$y=-4x$

② $y=-4x$ に $y=20$ を代入すると，

$20=-4x$　$x=-5$

5 (4, 5) で表される座標は，左側の数が x 座標，右側の数が y 座標を表すから，

点Eは原点Oから右へ4，上へ5進んだところにある点を表す。

p.36　予想問題

1 ㋐，㋑，㋒，㋔

2 (1) $y=-6$

(2) $x=-\dfrac{4}{3}$

3 (1) 1200 km

(2) 25 L

4 (1) A(4, 6)　B(−7, 3)

C(−5, −7)　D(0, −3)

(2)

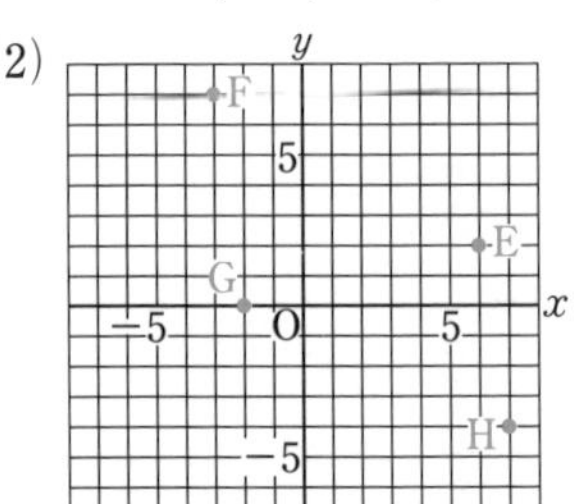

解説

1 ポイント　y が x の関数であるかは，x の値を決めると，それに対応して y の値がただ1つ決まるかどうかで判断する。

関係を表す式は次のようになる。

㋐ $y=\dfrac{5}{2}x$

㋑ $y=x^2$

㋒ $y=4x$

㋓ 関係式は成立しないので，関数ではない。

㋔ $y=3.14x^2$

2 (1) $y=\dfrac{3}{2}x$ に $x=-4$ を代入する。

$y=\dfrac{3}{2}\times(-4)=-6$

(2) $y=6x$ に $y=-8$ を代入する。

$-8=6x$　$x=-\dfrac{4}{3}$

3 1Lあたり $320\div 20=16$ (km) 走るから，

$y=16x$

(1) $y=16x$ に $x=75$ を代入する。

(2) $y=16x$ に $y=400$ を代入する。

4 (1) 点Dは y 軸上にあるので，x 座標は0。

(2) 点G(−2, 0) は y 座標が0なので，x 軸上の点になる。

p.38 テスト対策問題

1

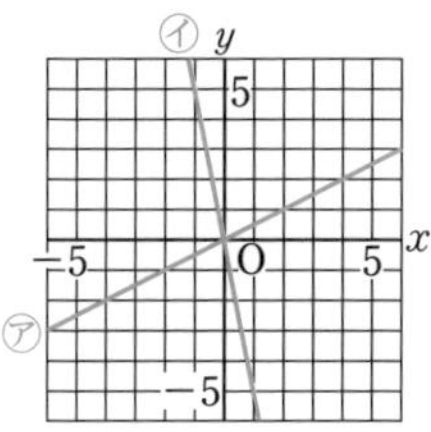

2 $y=\frac{3}{4}x$

3 (1) $y=\frac{40}{x}$　　(2) $y=-\frac{12}{x}$

(3)

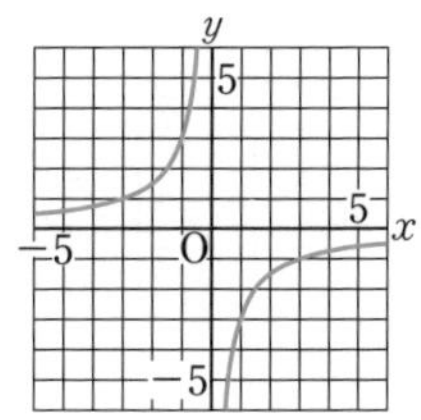

4 (1) $y=\frac{180}{x}$　　**反比例する。**

(2) $y=\frac{12}{x}$　　**反比例する。**

解説

1 ポイント　比例のグラフは原点以外にx座標が1の点か，x座標とy座標が整数となる点を1つ求めて，原点とその点を結ぶ直線をかく。

㋐　$y=\frac{1}{2}x$ に $x=2$ を代入すると，

$y=\frac{1}{2}\times2=1$ より，原点と点$(2,\ 1)$を結ぶ直線をかく。

㋑　$y=-5x$ に $x=1$ を代入すると，

$y=-5\times1=-5$ より，原点と点$(1,\ -5)$を結ぶ直線をかく。

2 注意　読みとる点の座標は，x, y座標がともに整数となる点を選ぶ。

ここでは点$(4,\ 3)$を使って考えると，$y=ax$ の式に $x=4$, $y=3$ を代入して，$3=a\times4$ より $a=\frac{3}{4}$ だから，$y=\frac{3}{4}x$

3 ミス注意!　「yをxの式で表しなさい。」というときは「$y=$～」の形で表す。

(1)　毎分xLずつ水を入れていくとy分間で満水の40Lになるから，$xy=40$ の関係になるので，$y=\frac{40}{x}$

(2)　yはxに反比例するので，$y=\frac{a}{x}$ または，$xy=a$ と表せる。$x=4$, $y=-3$ を代入すると，$-3=\frac{a}{4}$ または，$4\times(-3)=a$ より，$a=-12$ だから，$y=-\frac{12}{x}$

(3) ポイント　反比例のグラフは，x座標とy座標が整数となる点をできるだけ多くとって，なめらかな曲線をかく。ここでは，$(1,\ -3)$，$(3,\ -1)$，$(-1,\ 3)$，$(-3,\ 1)$の点をとって，曲線をかいていく。

4 ポイント　関係を表す式を求めて，「$y=ax$」の式で表せると，比例の関係であるといえ，「$y=\frac{a}{x}$」の式で表せると，反比例の関係であるといえる。

(1)　$180\div x=y$ より，$y=\frac{180}{x}$ と表せるので，yはxに反比例する。

(2)　(速さ)×(時間)＝(道のり) だから，$xy=12$ より，$y=\frac{12}{x}$ と表せるので，反比例する。

p.39 予想問題

1

(1)

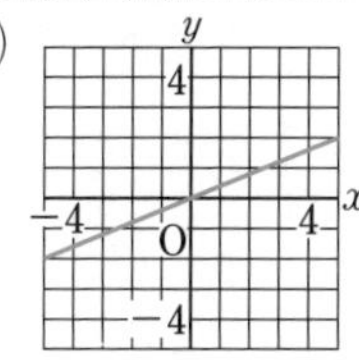

(2)

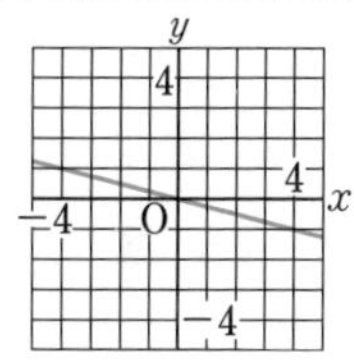

(3)

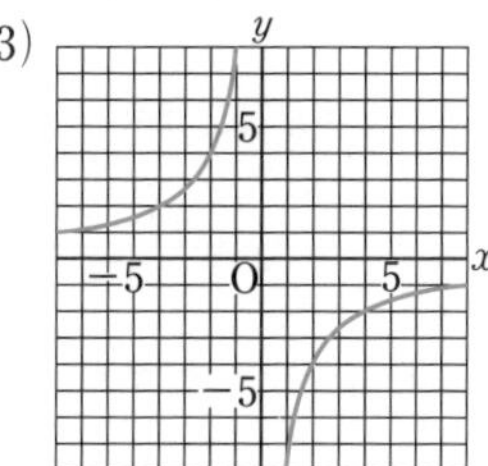

2 (1) $y=3x$　　(2) $y=-\frac{3}{2}x$

(3) $y=\frac{6}{x}$

3 (1) $y=\frac{15}{x}$　　(2) $y=-3$

4 (1) **42日間**　　(2) $\frac{3}{4}$ L

解説

1 **ポイント** グラフをかくための座標は整数になる点を選ぶ。$y=ax$ の a が分数のときは分母の数を x 座標にするとよい。

(1) $y=\frac{2}{5}x$ に $x=5$ を代入すると，
$y=\frac{2}{5}\times5=2$ より，原点と点 $(5,\ 2)$ を結ぶ直線をかく。

(2) $y=-\frac{1}{4}x$ に $x=4$ を代入すると，
$y=-\frac{1}{4}\times4=-1$ より，原点と点 $(4,\ -1)$ を結ぶ直線をかく。

(3) $(-1,\ 8)$，$(-2,\ 4)$，$(-4,\ 2)$，$(-8,\ 1)$ を通る曲線と，$(1,\ -8)$，$(2,\ -4)$，$(4,\ -2)$，$(8,\ -1)$ を通る曲線をかく。

2 **ポイント** 直線は比例のグラフなので，関係を表す式は $y=ax$ となる。曲線は反比例のグラフなので，関係を表す式は $y=\frac{a}{x}$ となる。
読みとる点は座標の値が整数となる点を選ぶ。

(1) 点 $(1,\ 3)$ を通っているので，
$y=ax$ に $x=1$，$y=3$ を代入して，
$3=a\times1$ より $a=3$ だから，$y=3x$

(2) 点 $(2,\ -3)$ を通っているので，
$y=ax$ に $x=2$，$y=-3$ を代入して，
$-3=a\times2$ より $a=-\frac{3}{2}$ だから，$y=-\frac{3}{2}x$

(3) グラフから，通る点 $(1,\ 6)$，$(2,\ 3)$，$(3,\ 2)$，$(6,\ 1)$ などを読みとって，$y=\frac{a}{x}$ に代入する。

3 (1) $y=\frac{a}{x}$ または $xy=a$ に $x=-3$，
$y=-5$ を代入すると，$-5=\frac{a}{-3}$ または，
$(-3)\times(-5)=a$ より $a=15$ だから，$y=\frac{15}{x}$

(2) $y=-\frac{24}{x}$ に $x=8$ を代入する。
$y=-\frac{24}{8}=-3$

4 灯油の総量は $0.6\times35=21$ (L) だから，関係を表す式は $xy=21$ より，$y=\frac{21}{x}$ となる。

(1) $y=\frac{21}{x}$ $(xy=21)$ に $x=0.5$ を代入する。

(2) $y=\frac{21}{x}$ $(xy=21)$ に $y=28$ を代入する。

p.40～p.41 章末予想問題

1 (1) $y=\frac{1}{20}x$，○

(2) $y=50-3x$，×

(3) $y=\frac{300}{x}$，△

2 (1) $y=3$　(2) $x=12$

3 (1)(2)　(3)(4)

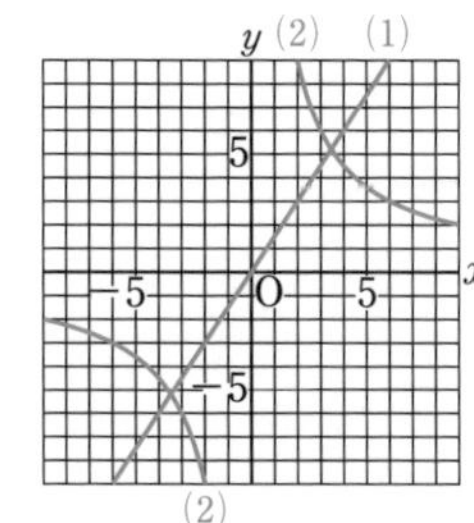

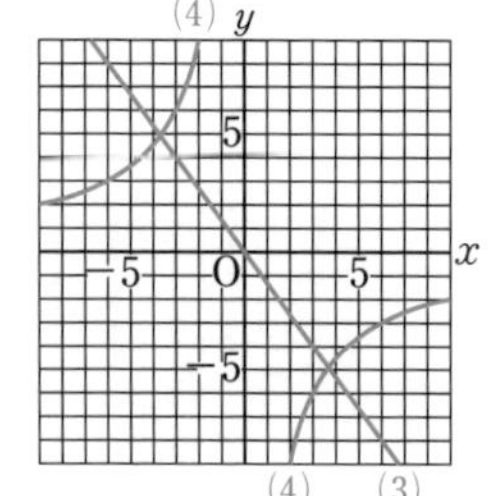

4 (1) $y=\frac{720}{x}$　(2) 20 回転

(3) 48

5 (1)

図書館… 1800 1500 1200 900 600 300 (m) y　姉　妹　家…… O 5 10 x (分)

(2) 6 分後　(3) 450 m

解説

1 **ポイント** $y=ax$ の形の式のとき，比例。
$y=\frac{a}{x}$ の形の式のとき，反比例。

2 (1) $y=\frac{2}{3}x$ → $y=\frac{2}{3}\times4.5=\frac{2}{3}\times\frac{9}{2}=3$

(2) $xy=-24$ → $x\times(-2)=-24$ より，$x=12$

4 (1) かみ合う歯車では，(歯数)×(1 分間の回転数) は等しくなるので，$xy=40\times18=720$

5 (1) 1，2，3，…分後の進んだ道のりを計算して，時間を x，進んだ道のりを y とする座標で表される点をとって，直線で結ぶ。

(2) 姉… $y=200x$　妹… $y=150x$
$200x-150x=300$ より，$x=6$

(3) $y=200x$ の式に $y=1800$ を代入すると，
$1800=200x$ より，$x=9$ になる。
9 分後の妹は $150\times9=1350$ (m) の地点にいるので，妹は図書館まであと
$1800-1350=450$ (m) のところにいる。

6章　平面図形

p.43　テスト対策問題

1 (1) 線分 AB　(2) 半直線 BA

(3) 垂直，⊥

2 100°

3 (1)

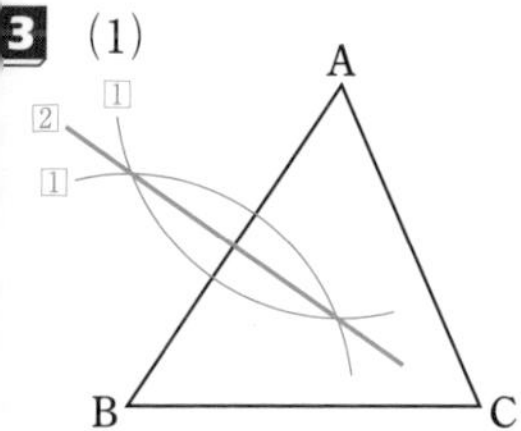

(2)

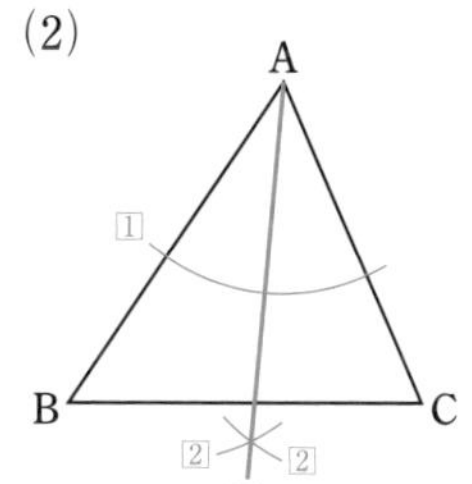

(3)

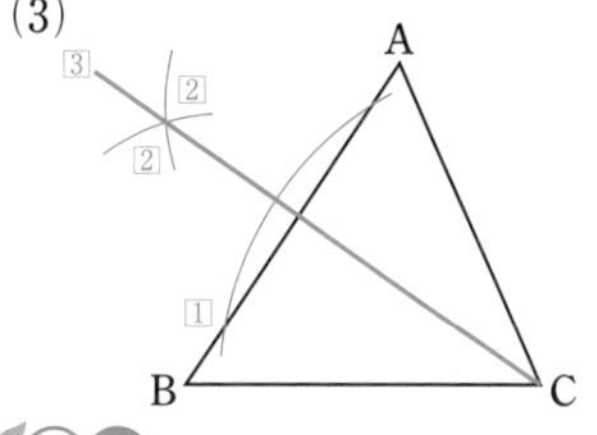

解説

2 四角形 APBO の 4 つの角の大きさの和は 360° で，∠OAP＝∠OBP＝90° であるから，∠APB＝360°−(80°＋90°＋90°)＝100°

p.44　予想問題 ❶

1 (1) 線分 BP，線分 AQ，線分 BQ

(2) ① ＝　② ⊥　③ BM　④ 90

2 (1)

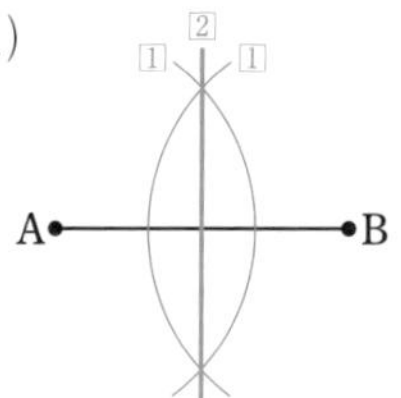

(2)

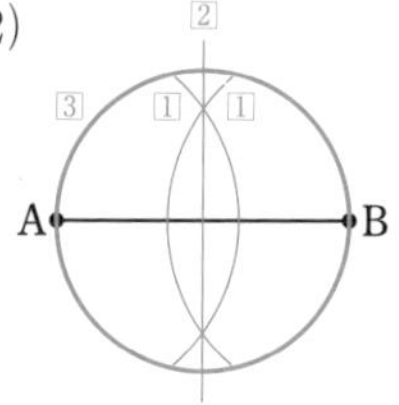

3 (1)

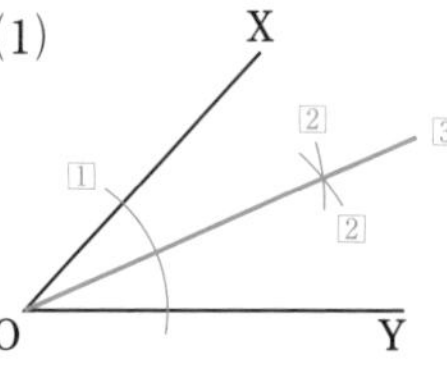

(2)

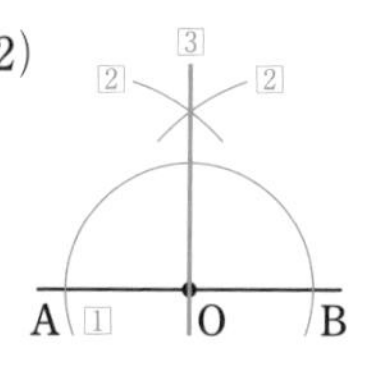

4 (方法 1)

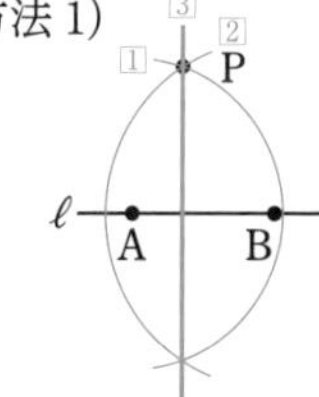

(方法 2)

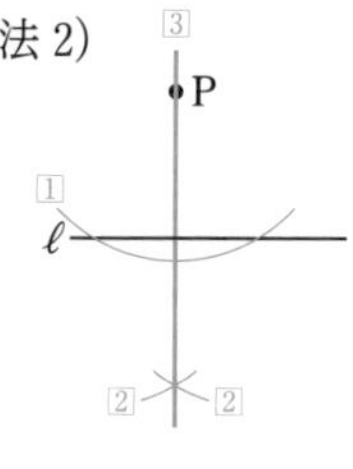

p.45　予想問題 ❷

1

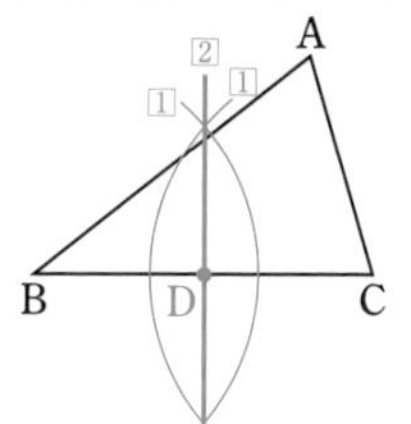

2 (1)

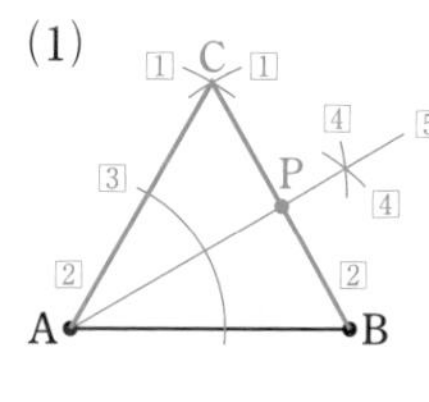

(2)

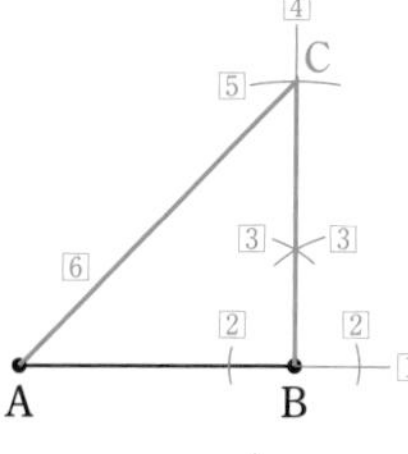

3 (1)

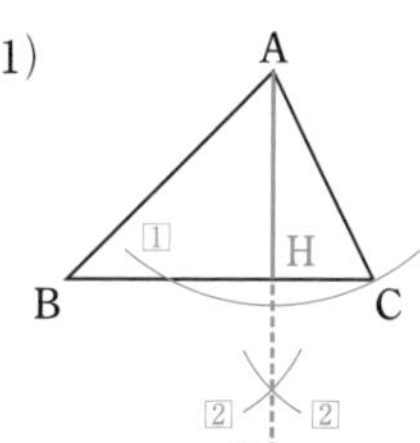

(2)

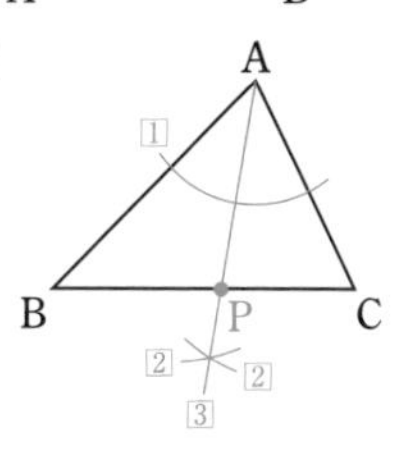

解説

2 (2) **ポイント**　点Bにおける垂線は線分 AB をBの方向へのばしてかく。

p.47　テスト対策問題

1 (1)

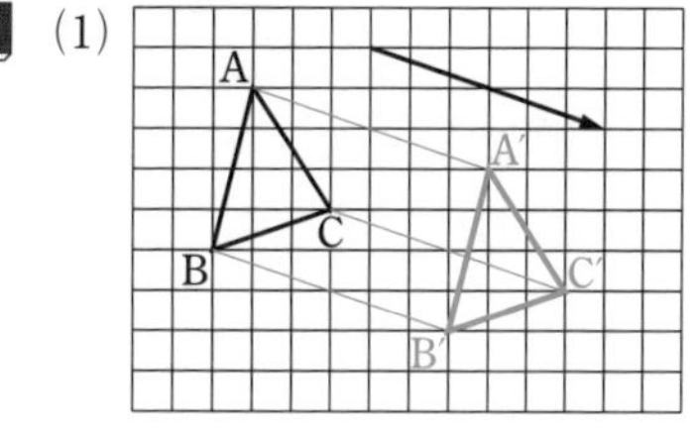

(2) ㋐

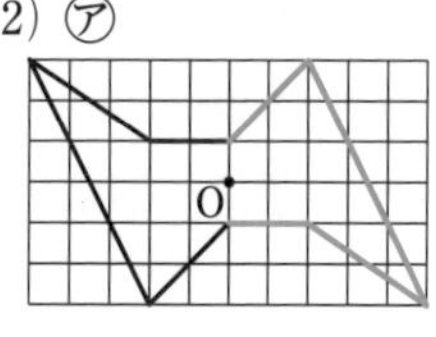

㋑

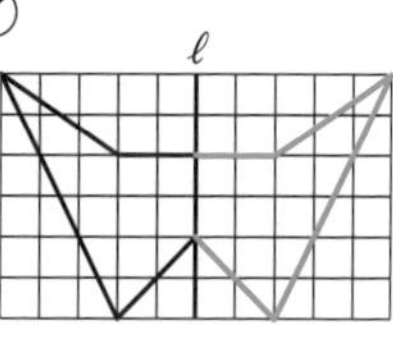

2 (1) 辺 HG　(2) ∠CDE

(3) ① ＝　② ＝　③ ⊥

④ ∥　⑤ ∥

3 (1) $\frac{7}{12}$ 倍

(2) 弧の長さ… 7π cm　面積… 21π cm^2

解説

3 (1) 中心角で比べて，$\frac{210}{360}=\frac{7}{12}$ (倍)

p.48 予想問題 ❶

1

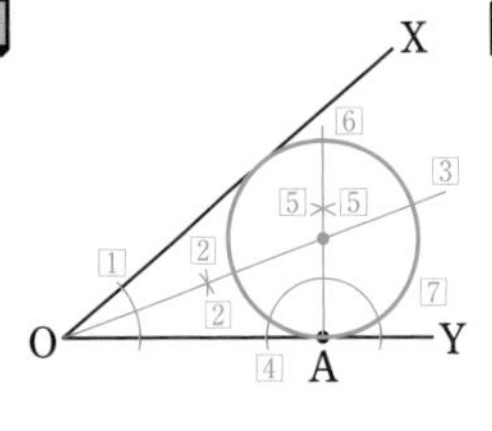

2

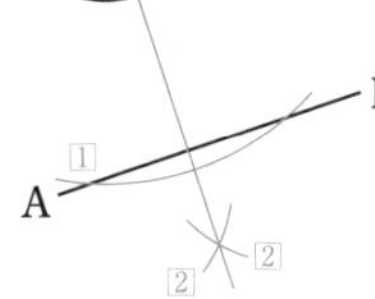

3 (1)

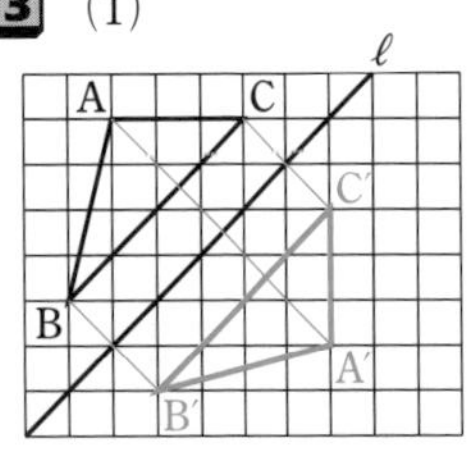

(2)

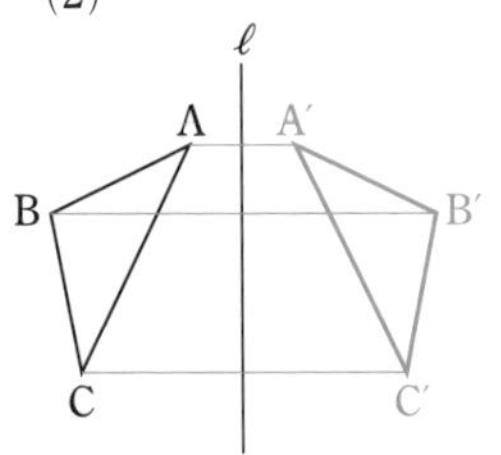

p.49 予想問題 ❷

1

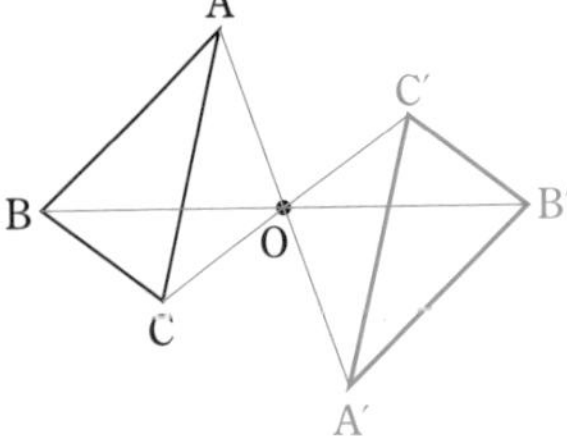

2 (1) **線分 BE，線分 CF**

(2) **∠EDG，∠FDH**

(3) **辺 DE，辺 DG**

3 (1) **弧の長さ… $\frac{8}{3}\pi$ cm　面積… $\frac{32}{3}\pi$ cm^2**

(2) **弧の長さ… 50π cm　面積… 750π cm^2**

(3) **弧の長さ… 5π cm　面積… 10π cm^2**

解説

1 180°の回転移動を，「点対称移動」という。

3 (1) 弧の長さ　$2\pi\times8\times\frac{60}{360}=\frac{8}{3}\pi$ (cm)

面積　$\pi\times8^2\times\frac{60}{360}=\frac{32}{3}\pi$ (cm^2)

(3) 半径は $8\div2=4$ (cm)

弧の長さ　$2\pi\times4\times\frac{225}{360}=5\pi$ (cm)

面積　$\pi\times4^2\times\frac{225}{360}=10\pi$ (cm^2)

p.50～p.51 章末予想問題

1

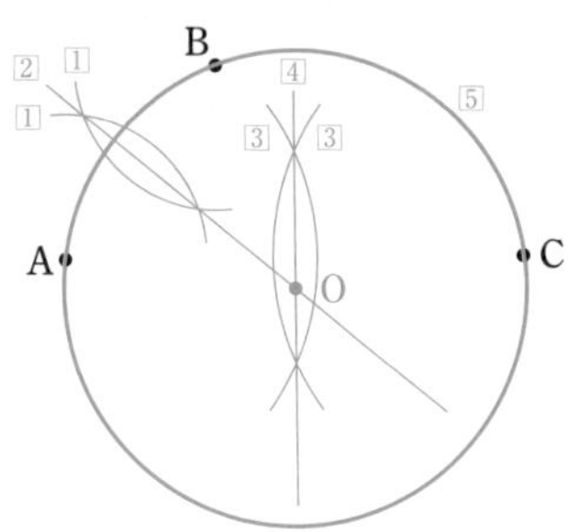

2 (1) **54°**　(2)

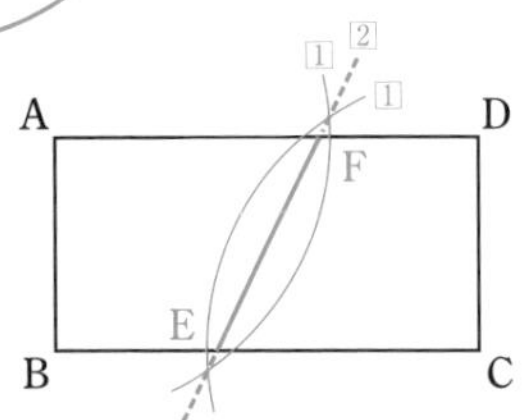

3 (1) **辺…辺 CB　角…∠BAD**

(2) **辺…辺 CD　角…∠CAB**

(3) **AB∥DC，AD∥BC**

(4) **180°**

4 (1)

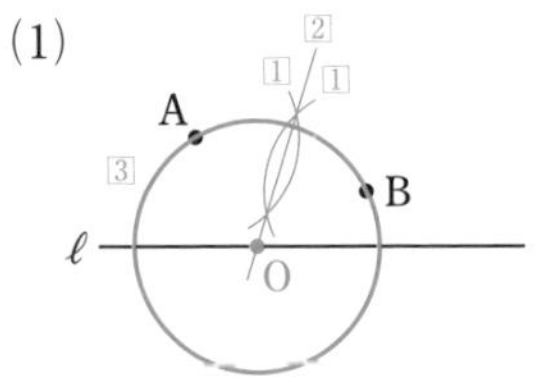

(2)

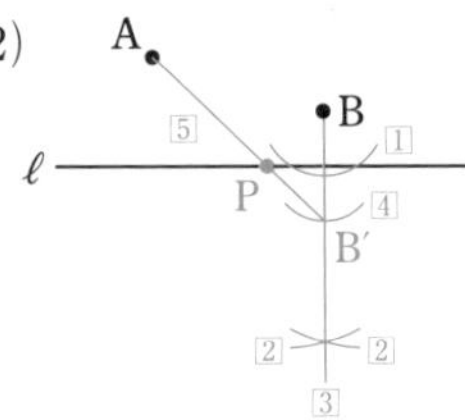

解説

1 円の中心Oは弦の垂直二等分線上にあるから線分 AB と線分 AC (線分 BC でもよい) の垂直二等分線の作図をし，その交点が円の中心になる。

2 (1) 折り返しているので，∠AEF＝∠FEC だから，∠AEB＝180°－63°×2＝54°

(2) 頂点Aと頂点Cが折り返すと重なることから，線分 EF は線分 AC の垂直二等分線といえる。

4 (2) 最短距離を考えるときは，直線にすることを考えればよいので，直線 ℓ を対称の軸として，点Bと対応する点 B′ を作図する。直線 AB′ と ℓ との交点をPとする。

7章　空間図形

p.53 テスト対策問題

1 (1) ① 角柱　② 三角柱
③ 四角柱　④ 円柱
(2) ① 角錐　② 三角錐
③ 四角錐　④ 円錐

2 (1) 五角柱
(2) 七角形
(3) 正多面体とはいえない。
理由…3つの面が集まる頂点と，4つの面が集まる頂点があって，どの頂点にも面が同じ数だけ集まっているとはいえないから。

3 (1) 辺AE，辺EF，辺DH，辺HG
(2) 面ABFE，面DGH
(3) 5本
(4) 面EFGH

解説

2 (1) 角柱には底面が2つあるから，七面体である角柱の側面の数は5になる。よって，底面の形は五角形である。
(2) 角錐の底面は1つだから，八面体である角錐の側面の数は7になる。よって，底面の形は七角形である。
(3) へこみがなく，どの面も合同な正多角形で，どの頂点にも同じ数だけ面が集まっている立体を「正多面体」という。

3 (1) 面AEHDや面EFGHは長方形だから，
EH⊥AE，EH⊥EF，EH⊥DH，EH⊥HG
(2) AD⊥AB，AD⊥AEより，ADはAB，AEをふくむ面ABFEと垂直である。
また，AD⊥DC，AD⊥DHより，ADはDC，DHをふくむ面DCGH，すなわち面DGHと垂直である。
(3) **ポイント**　ねじれの位置にある辺は，平行ではなく，交わらない辺である。
辺BDと平行ではなく，交わらない辺は，辺AE，EF，FG，GH，HEの5本になる。
(4) 面ABCDと平行な面を考える。

p.54 予想問題 ❶

1 (左から順に)
㋐ 5，五面体，三角形，長方形
㋑ 三角錐，四面体，三角形，6
㋒ 四角柱，6，六面体，長方形，12
㋓ 5，四角形，三角形，8
㋔ 円柱，円　㋕ 円錐，円

2 (1) 辺EF，辺DC，辺HG
(2) 面AEHD，面DCGH
(3) 面DCGH
(4) 辺BF，辺FG，辺GC，辺CB
(5) 辺BC，辺DC，辺FG，辺HG
(6) 辺AD，辺BC，辺AE，辺BF
(7) 面ABCD，面BFGC，
面EFGH，面AEHD

p.55 予想問題 ❷

1 ㋑，㋒，㋓，㋕

2 (1) 立体…四角柱　切り口…長方形
(2) 立体…五角柱　切り口…長方形
(3) 立体…円柱　切り口…長方形

3 (1) 母線
(2) (上から順に)
㋐ 円柱，長方形，円
㋑ 円錐，二等辺三角形，円
㋒ 球，円，円

解説

1 **ポイント**　1直線上にない3点が決まれば，平面は1つに決まる。
㋐「2点をふくむ平面」は無数にある。
㋔「ねじれの位置にある2直線をふくむ平面」は存在しない。

2 角柱や円柱は，底面がそれと垂直な方向に動いてできた立体とも考えられる。

3 **ポイント**　(2) 回転体を，回転の軸をふくむ平面で切ると，切り口は回転の軸を対称の軸とする線対称な図形になる。また，回転の軸に垂直な平面で切ると，切り口はすべて円になる。

p.57 テスト対策問題

1 32π cm

2 (1) 90°　　(2) 16π cm^2

3

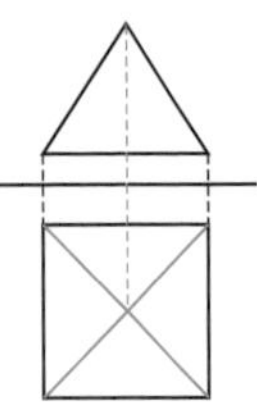

4 (1) 192 cm^3　　(2) 147π cm^3

5 (1) 120 cm^2　　(2) 12π cm^2

解説

1 側面になる長方形の横の長さは，円柱の底面の円の周の長さと等しいから，
$2\pi\times16=32\pi$ (cm)

2 ポイント 円錐の側面になるおうぎ形の弧の長さは，底面の円の円周に等しい。

(1) 底面の円の円周は，
$2\pi\times2=4\pi$ (cm)
おうぎ形の中心角を a° とすると，
$4\pi=2\pi\times8\times\frac{a}{360}$
と表せるから，これを解いて，$a=90$

(2) おうぎ形の面積は，中心角に比例するから，
$\pi\times8^2\times\frac{90}{360}=16\pi$ (cm^2)

ポイント おうぎ形の弧の長さ ℓ，面積 S は，半径を r，中心角を a° とすると，
弧の長さ　$\ell=2\pi r\times\frac{a}{360}$
面積　$S=\pi r^2\times\frac{a}{360}$

3 平面図には，4つの側面を表す実線をかき，対応する頂点どうしを破線で結ぶ。

4 (1) $\frac{1}{3}\times8^2\times9=192$ (cm^3)

(2) $\frac{1}{3}\times\pi\times7^2\times9=147\pi$ (cm^3)

5 (1) 底面積　$6\times6=36$ (cm^2)
側面積　$(6\times7\div2)\times4=84$ (cm^2)
表面積　$36+84=120$ (cm^2)

(2) 底面積　$\pi\times2^2=4\pi$ (cm^2)
側面積　$\pi\times4^2\times\frac{180}{360}=8\pi$ (cm^2)
表面積　$4\pi+8\pi=12\pi$ (cm^2)

p.58 予想問題 ❶

1 (1) 正三角錐
(2) 点D，点F　　辺AF
(3) 辺DE（辺FE）

2 (1) 円柱　　(2) 三角錐
(3) 四角柱

3 (1) 線分AB　　(2)

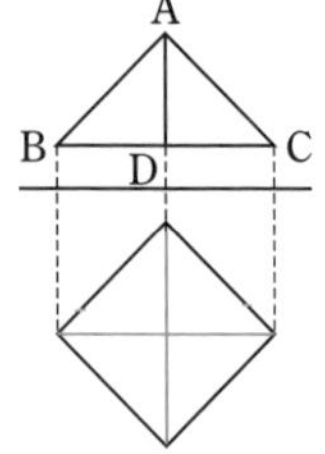

4

解説

1 展開図を組み立ててできる立体は，右の図のような正三角錐になる。

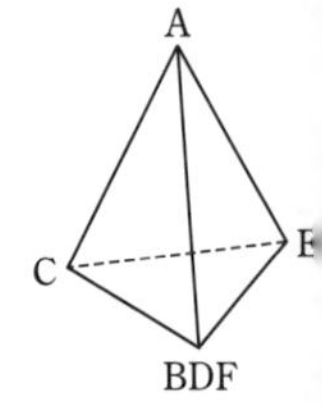

(3) 辺ACと辺AB（AF），AE，CE，BC（DC）はそれぞれ交わっている。

p.59 予想問題 ❷

1 (1) 半径… 9 cm　　中心角…160°
(2) 弧の長さ… 8π cm　　面積… 36π cm^2

2 (1) 体積… 72 cm^3　　表面積… 132 cm^2
(2) 体積… 1568 cm^3　　表面積… 896 cm^2
(3) 体積… 80π cm^3　　表面積… 72π cm^2
(4) 体積… 12π cm^3　　表面積… 24π cm^2

3 体積… 18π cm^3　　表面積… 27π cm^2

解説

1 (1) 側面になるおうぎ形の半径は，円錐の母線の長さに等しいから 9 cm である。
おうぎ形の中心角を a° とすると，
$2\pi\times4=2\pi\times9\times\frac{a}{360}$ より，$a=160$

(2) 側面になるおうぎ形の弧の長さは，底面の円周に等しいから，$2\pi\times4=8\pi$ (cm)
面積は $\pi\times9^2\times\frac{160}{360}=36\pi$ (cm^2)

2 ミス注意！ 角錐，円錐の体積を求めるときに $\frac{1}{3}$ をかけることを忘れないようにする。

3 1回転させてできる立体は，半径 3 cm の球を半分に切った立体である。

p.60～p.61 章末予想問題

1 (1) ㋖　(2) ㋒

(3) ㋐，㋕　(4) ㋓，㋗，㋘

(5) ㋐，㋑，㋒，㋓

2 (1) 面 BFGC，面 EFGH

(2) 辺 CG，辺 DH

(3) 面 ABCD，面 EFGH

(4) 辺 AE，辺 BF，辺 CG，辺 DH

(5) 面 ABCD，面 EFGH

(6) 辺 CG，辺 DH，辺 FG，辺 GH，辺 HE

3 ㋑，㋓，㋔

4 (1) $12\ \text{cm}^3$　(2) $100\pi\ \text{cm}^3$

5 $900\ \text{cm}^3$

6 体積… $48\pi\ \text{cm}^3$　表面積… $48\pi\ \text{cm}^2$

解説

3 ㋑，㋓，㋔は，どんな場合でも成り立つ。

㋐　交わらない 2 直線は，ねじれの位置にあるときもある。

㋒　1 つの直線に垂直な 2 直線は，交わるときやねじれの位置にあるときもある。

㋕　平行な 2 平面上の直線は，ねじれの位置にあるときもある。

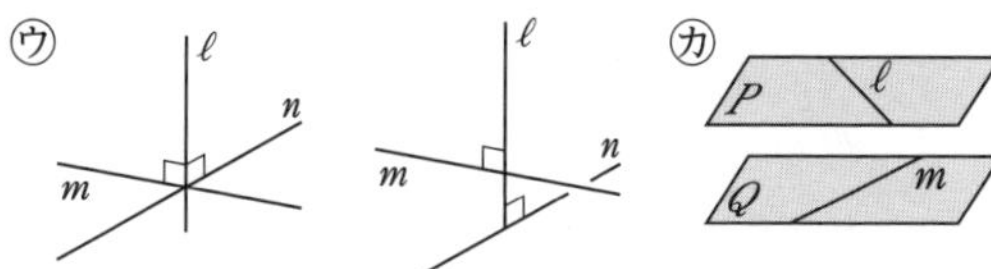

4 (1)　底面は直角をはさむ 2 辺が 3 cm と 4 cm の直角三角形で，高さが 2 cm の三角柱だから，

$(4\times3\div2)\times2=12\ (\text{cm}^3)$

(2)　底面の円の半径が $10\div2=5\ (\text{cm})$，

高さが 12 cm の円錐だから，

$\frac{1}{3}\times\pi\times5^2\times12=100\pi\ (\text{cm}^3)$

5　水は底面が直角三角形で，高さが 12 cm の三角柱の形になっている。

$(15\times10\div2)\times12=900\ (\text{cm}^3)$

6　1 回転させてできる立体は，円柱と円錐をあわせた立体だから，体積，表面積はそれぞれ

$\pi\times3^2\times4+\frac{1}{3}\times\pi\times3^2\times4=48\pi\ (\text{cm}^3)$

$\pi\times3^2+4\times(2\pi\times3)+\pi\times5^2\times\frac{216}{360}=48\pi\ (\text{cm}^2)$

8 章　データの分析

p.63 予想問題

1 (1) 5 cm

(2) 155 cm 以上 160 cm 未満の階級

(3) 15 人

(4)

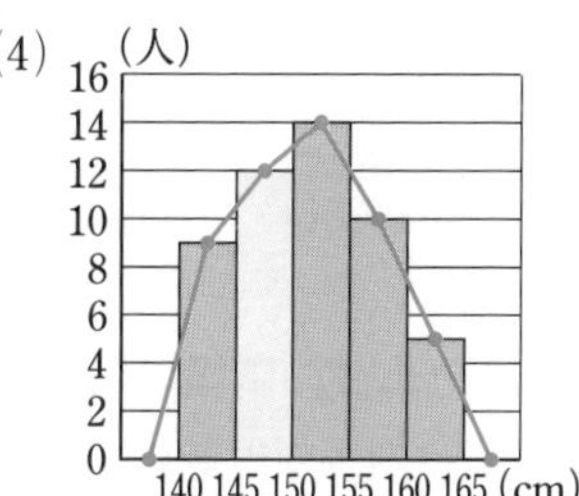

2 (1) 25 分

(2) 15 分

(3) ① 0.30

② 0.10

③ 1.00

(4) 0.95

3 (1) 14 m

(2) 21 m

(3) 22 m

4 0.19

解説

1 (1) **ポイント**　データを整理するために用いる区間を階級といい，その区間の幅が「階級の幅」である。

階級の幅は，たとえば，140 cm 以上 145 cm 未満の階級から考えて，

$145-140=5\ (\text{cm})$

(3)　155 cm 以上 160 cm 未満が 10 人，160 cm 以上 165 cm 未満が 5 人だから，155 cm 以上の生徒の人数は，

$10+5=15$ (人)

(4) **注意**　ヒストグラムを使って，度数折れ線をかくときは，左右両端に度数 0 の階級があるものと考えて，横軸の上にも点をとって結ぶ。

2 (1)　階級値は度数分布表の階級の真ん中の値だから，

$(20+30)\div2=25$ (分)

(2) ポイント　度数分布表で最頻値を求めるには，度数が最も大きい階級の階級値を最頻値とする。
度数 8 が最も大きいから，最頻値は 10 分以上 20 分未満の階級の階級値で，
(10＋20)÷2＝15 (分)

(3) ポイント　相対度数はその階級の度数の合計に対する割合だから，
$$(\text{相対度数})=\frac{(\text{階級の度数})}{(\text{度数の合計})}$$
で求められる。
① 20 分以上 30 分未満の階級の度数は 6 人だから，その階級の相対度数は，
6÷20＝0.30
② 2÷20＝0.10
③ 相対度数の合計は 1.00

(4) ある階級までの累積相対度数は，最も小さい階級からその階級までの相対度数の和だから，
0.15＋0.40＋0.30＋0.10＝0.95
別解 相対度数の合計が 1.00 より，
1.00−0.05＝0.95

3 データを小さいほうから順に並べると，
15，16，18，20，21，23，27，27，29
になる。
(1) 分布の範囲は，(最大値)−(最小値) で求めるから，
29−15＝14 (m)
(2) データの個数が奇数だから，真ん中の 21 m
(3) データの個数が偶数の 10 個になるので，中央にある 5 番目と 6 番目の 2 つの値の合計を 2 でわった値をとって，
(21＋23)÷2＝22 (m)

4 確率はそのことがらの起こりやすさの程度を表し，実験の回数が多くなると相対度数で表すことができるから，
$$\frac{(\text{表が出た回数})}{(\text{投げた回数})}=\frac{380}{2000}=0.19$$
参考 ペットボトルのキャップなどを投げるとき，投げる回数が少ないうちは，相対度数のばらつきが大きいが，回数が多くなるにつれて，そのばらつきが小さくなり，一定の値に近づく。この値を確率として考える。

p.64 章末予想問題

1 (1) **0.25**
(2) **女子**
(3) ① **12**　② **21**

2 (1) ① **7.6**　② **8**
③ **0.30**　④ **0.20**
⑤ **1.00**
(2) **0.45**

3 **0.23**

解説

1 (1) 得点が 60 点以上 80 点未満の階級の男子の度数は 15 人だから，
15÷60＝0.25
(2) 合計の度数が違うから，相対度数の和で考える。得点が 80 点以上の男子は 6 人いるので，得点が 60 点以上の男子の相対度数の和は，
0.25＋6÷60＝0.35
得点が 60 点以上の女子の度数は 14 人と 5 人だから，その相対度数の和は，
14÷50＋5÷50＝0.38
よって，女子のほうが大きい。
(3) ① 20 点以上 40 点未満の階級の女子の相対度数は，
10÷50＝0.20
だから，男子の度数は，
60×0.20＝12 (人)
② 60−(6＋12＋15＋6)＝21 (人)

2 (1) ① (7.4＋7.8)÷2＝7.6
② 40−(2＋4＋12＋10＋4)＝8
③ 12÷40＝0.30
④ 8÷40＝0.20
⑤ 相対度数の合計は 1.00
(2) 0.05＋0.10＋0.30＝0.45

3 96 回のうち，ヒットは 22 回だから，確率は
$$\frac{22}{96}=0.229\cdots\cdots。$$
小数第 3 位を四捨五入して，およそ 0.23

6 5 4 3 2
D C B A

中間・期末の攻略本

テストに出る！

5分間攻略ブック

教育出版版

数学
1年

重要事項をサクッと確認

よく出る問題の
解き方をおさえる

赤シートを
活用しよう！

テスト前に最後のチェック！
休み時間にも使えるよ♪

「5分間攻略ブック」は取りはずして使用できます。

1章　整数の性質
2章　正の数，負の数

教科書 p.16~p.45

何という？

□ 1以外の数で，1とその数自身の積の形でしか表せない自然数　素数

□ 同じ数をいくつかかけ合わせたもの　累乗

□ 4^5 の5の部分　指数

□ 0より小さい数　負の数

□ 数直線上で，ある数に対応する点と原点との距離　絶対値

どう表す？

□ 200円の利益を＋200円と表すとき，200円の損失　−200円

✿「利益」の反対の性質は「損失」。

不等号を使って表すと？

□ −5と −2　$-5<-2$

□ 5，−7，−4　$-7<-4<5$

次の問いに答えよう。

□ 自然数は0をふくむ？　ふくまない

□ −1.8にもっとも近い整数　−2

□ −4の絶対値　4

□ 絶対値が6である数　+6と −6

□ 40を素因数分解すると？　$2^3 \times 5$

□ 2+(−8)+(−4)+6を項を並べた式で表すと？　2−8−4+6

計算をしよう。

□ (−9)+(−13)= [−22]

□ (−9)+(+13)= [4]

□ (+9)−(+13)=(+9) [+] (−13)
= [−4]

□ (+9)−(−13)=(+9) [+] (+13)
= [22]

□ −7+(−9)−(−13)
=−7 [−] 9 [+] 13=13−7−9
=13−16= [−3]

□ 4−(+8)−(−6)+(−5)
=4 [−] 8 [+] 6 [−] 5
=4+6−8−5=10−13= [−3]

◎ 攻略のポイント

数の大小(数直線)

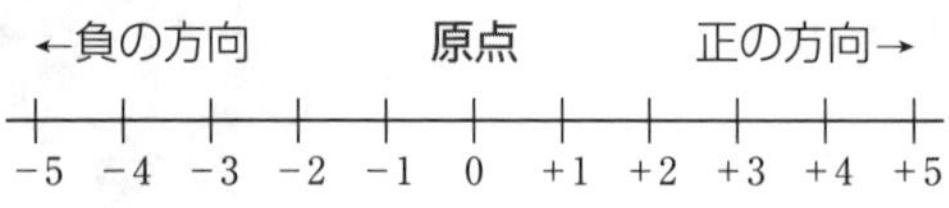

不等号を使って大小を表すときは，
(小)<(中)<(大)　(大)>(中)>(小)

2章　正の数，負の数

教科書 p.46~p.62

何という？

□ 2数の積が1になるとき，一方からみた他方の数　逆数

□ 数の範囲を考えるときの全体の集まり　集合

累乗の指数を使って表すと？

□ $(-3)\times(-3)=\boxed{(-3)^2}$

□ $(-3)\times(-3)\times(-3)=\boxed{(-3)^3}$

□ $-(3\times3)=\boxed{-3^2}$

計算をしよう。

□ $(-4)\times(-5)=\boxed{+}(4\boxed{\times}5)$
$=\boxed{20}$

□ $(+20)\div(-5)=\boxed{-}(20\boxed{\div}5)$
$=\boxed{-4}$

□ $(-20)\div(+3)=\boxed{-}(20\boxed{\div}3)$
$=\boxed{-\frac{20}{3}}$

□ $(-5)\times0=\boxed{0}$

□ $0\div(-5)=\boxed{0}$

□ $-2^2=-(2\times2)=\boxed{-4}$

□ $(-2)^2=(-2)\times(-2)=\boxed{4}$

□ $(-4)\times3\times(-2)$
$=\boxed{+}(4\times3\times2)=\boxed{24}$

□ $(-4)\div\left(-\frac{2}{3}\right)\times(-3)$
$=(-4)\times\boxed{\left(-\frac{3}{2}\right)}\times(-3)$
$=-\left(4\times\frac{3}{2}\times3\right)=\boxed{-18}$

□ $-3^2-4\times(1-3)$
$=\boxed{-9}-4\times\boxed{(-2)}$
$=-9+8=\boxed{-1}$

□ $(-3)\times2-36\div(-9)$
$=\boxed{-}6\boxed{+}4=\boxed{-2}$

□ $\left(\frac{3}{2}+\frac{2}{3}\right)\times6=\frac{3}{2}\times\boxed{6}+\frac{2}{3}\times\boxed{6}$
$=\boxed{9}+\boxed{4}=\boxed{13}$

✽ $(a+b)\times c=a\times c+b\times c$

□ $13\times4+13\times6=\boxed{13}\times(4+\boxed{6})$
$=13\times\boxed{10}=\boxed{130}$

✽ $a\times b+a\times c=a\times(b+c)$

◎ 攻略のポイント

累乗の計算と四則の混じった式の計算順序

■ $\underline{(-4)}^2=(-4)\times(-4)=16$　　$-\underline{4}^2=-(4\times4)=-16$

−4を2個かけ合わせる。　　4を2個かけ合わせる。

■ （　）の中・累乗 ➡ 乗法・除法 ➡ 加法・減法 の順に計算

3章　文字と式

教科書 p.72~p.80

文字を使った式の表し方は？

□ 文字を使った式では，乗法の記号 × をどうする？　はぶく

□ 文字と数との積では，数と文字のどちらを前に書く？　数

□ 文字を使った式の積は何の順に書くことが多い？　アルファベットの順

□ 文字を使った式では，除法の記号 ÷ を使わずに，どうする？　分数の形で書く

文字式の表し方にしたがうと？

□ $7\times x$　$7x$

□ $1\times a$　a

□ $(-1)\times a$　$-a$

□ $(-5)\times a$　$-5a$

□ $y\times a\times 5$　$5ay$

□ $(a+b)\times(-6)$　$-6(a+b)$

□ $2\times a-3\times b$　$2a-3b$

□ $x\times(-4)-2$　$-4x-2$

□ $x\times x\times x$　x^3

□ $a\times b\times b\times a\times a$　a^3b^2

□ $a\div 5$　$\frac{a}{5}$

□ $4\div x\div y$　$\frac{4}{xy}$

□ $(x-y)\div 2$　$\frac{x-y}{2}$

何という？

□ 式の中の文字を数に置きかえること　代入

□ 式の中の文字に数を代入して計算した結果　式の値

式の値は？

□ $x=5$ のとき，$2x+3$ の値

➡ $2x+3=2\times5+3$　13

□ $x=-5$ のとき，$-x$ の値

➡ $-x=-(-5)$　5

✿負の数を代入するときは（　）をつける。

□ $x=-3$ のとき，x^2-x の値

➡ $x^2-x=(-3)^2-(-3)=9+3$

12

◎ 攻略のポイント

記号×や÷を使って表すとき

■ $3a^2+\frac{b}{5}$ ➡ $3\times a\times a+b\div5$

分数はわり算で表す。

$\frac{a+b}{5}$ ➡ $(a+b)\div5$

分子の $a+b$ はひとまとまりと考え，（　）をつける。

3章　文字と式

教科書 p.81~p.98

どう表す？

□ 十の位の数が x，一の位の数が y である2桁の自然数　$10x+y$

□ n が整数のとき，2の倍数(偶数)　$2n$

次の問いに答えよう。

□ $6a$ などの文字をふくむ項で，6を a の何という？　係数

□ $2x$ や $2x+3$ のように，1次の項だけか，1次の項と数の項の和で表された式を何という？　1次式

□ $(2x+3)\times4$ のような1次式と数の乗法は，どの計算法則を使って計算する？　分配法則

□ 分配法則を使って，かっこのない式をつくることを何という？　かっこをはずす

□ 等号を使って，数量の等しい関係を表した式を何という？　等式

次の式の項と係数は？

□ $-4a+6$

項→ $-4a$，6　a の係数→ -4

計算をしよう。

□ $4a+7a=$ $\boxed{11a}$

□ $5x-3x-4x=$ $\boxed{-2x}$

□ $3a+4-a+5=$ $\boxed{2a+9}$

✽文字の部分と数の部分はまとめられない。

□ $(3x-2)+(-4x+2)$

$=3x-2\boxed{-4x+2}=\boxed{-x}$

□ $(a+4)-(2a-3)$

$=a+4\boxed{-2a+3}=\boxed{-a+7}$

□ $2x\times6=$ $\boxed{12x}$

□ $3(a-2)=$ $\boxed{3a-6}$

□ $8x\div4=\dfrac{8x}{4}=\boxed{2x}$

□ $12a\div\dfrac{2}{5}=12a\times\boxed{\dfrac{5}{2}}=\boxed{30a}$

□ $2(a+3)-3(-a+2)$

$=2a+6\boxed{+3a-6}=\boxed{5a}$

◎ 攻略のポイント

文字が2種類の式の値

■ $a=3$，$b=-2$ のとき，$2a-3b$ の値 ➡

$2a-3b=2\times a-3\times b$　←「×」を使って表す。

$=2\times3-3\times(-2)$　←負の数は（　）をつけて代入。

$=6+6=12$

4章　方程式

教科書 p.106~p.112

何という？

□ x の値によって成り立ったり成り立たなかったりする等式

（xについての）方程式

□ 方程式を成り立たせる文字の値

方程式の解

□ 方程式の解を求めること

方程式を解く

✽方程式は，$x=\square$ の形にすることを考えて，解を求める。

□ 等式の一方の辺にある項を，その符号を変えて他方の辺に移すこと

移項

等式の性質は？

□ $A=B$ ならば $A+C=$ $\boxed{B+C}$

□ $A=B$ ならば $A-C=$ $\boxed{B-C}$

□ $A=B$ ならば $AC=$ $\boxed{BC}$

□ $A=B$ ならば $\frac{A}{C}=$ $\boxed{\frac{B}{C}}$ $(C\neq0)$

✽$C\neq0$ は，C が 0 でないことを表す。

□ 等式の両辺を入れかえても等式は成り立つ。$A=B$ ならば $\boxed{B=A}$

移項しよう。

□ $x-7=-5$

$x=-5$ $\boxed{+7}$

✽移項するときは，符号に注意する。

□ $3x-5=2x+3$

$3x$ $\boxed{-2x}$ $=3$ $\boxed{+5}$

方程式を解こう。

□ $3x-5=4$

$3x=4$ $\boxed{+5}$

$3x=9$

$\boxed{x=3}$

□ $2x+4=-2$

$2x=-2$ $\boxed{-4}$

$2x=-6$

$\boxed{x=-3}$

□ $3x-5=-7x+4$

$3x+7x=4$ $\boxed{+5}$

$10x=9$

$\boxed{x=\frac{9}{10}}$

□ $2x+4=3x-2$

$2x-3x=-2$ $\boxed{-4}$

$-x=-6$

$\boxed{x=6}$

◎ 攻略のポイント

方程式の解き方

1 x をふくむ項を左辺に，数の項を右辺に移項する。
2 両辺を整理して，$ax=b$ の形に整理する。
3 両辺を x の係数 a でわる。

$4x-3=2x+5$
↓ 1
$4x-2x=5+3$
↓ 2
$2x=8$
↓ 3
$x=4$

4章　方程式

教科書 p.113~p.126

方程式を解くときに注意することは？

□ かっこをふくむとき　かっこをはずす

□ 係数に小数があるとき

両辺に 10 や 100 などをかける

□ 係数に分数があるとき

両辺に分母の公倍数をかける

何という？

□ 分数がある方程式で，両辺に分母の公倍数をかけて分数をふくまない方程式に変形すること　分母をはらう

□ (x の 1 次式)=0 の形に変形できる方程式　1 次方程式

方程式を解こう。

□ $4(x+1)=3x-2$

$\boxed{4x+4}=3x-2$　（かっこをはずす）

$4x\boxed{-3x}=-2\boxed{-4}$

$\boxed{x=-6}$

□ $0.5x+0.3=0.2x-0.7$

$\boxed{5x+3}=2x-7$　（両辺に 10 をかける）

$5x\boxed{-2x}=-7\boxed{-3}$

$3x=-10$

$\boxed{x=-\frac{10}{3}}$

□ $\frac{2}{3}x-1=\frac{1}{2}x$

$\boxed{4x-6}=3x$　（両辺に 6 をかける）

$4x-3x=6$

$x=\boxed{6}$

比例式とは？

□ $a:b$ で表された比で，a を b でわった商 $\frac{a}{b}$ を何という？　比の値

□ 比例式 $a:b=c:d$ の性質は？

$ad=bc$

比例式を解こう。

□ $(x-3):2=x:3$

$(x-3)\times\boxed{3}=2\times\boxed{x}$

$\boxed{3x-9}=2x$

$3x-2x=9$

$x=\boxed{9}$

◎ 攻略のポイント

方程式を使って問題を解く手順

1 わかっている数量と求める数量を明らかにして，求める数量を文字で表す。

2 数量の間の関係を見つけて方程式をつくり，その方程式を解く。

3 方程式の解が問題に適しているかどうかを確かめる。

5章　比例と反比例

教科書 p.134~p.145

何という？

□ いろいろな値をとる文字　変数

□ 変数のとりうる値の範囲　変域

□ 変化しない決まった数　定数

□ y が x の関数で，$y=ax$ という式で表されるとき（a は0でない定数）

y は x に比例する

□ 比例の式 $y=ax$ の定数 a のこと

比例定数

□ y が x に比例し，$x \fallingdotseq 0$ のとき，対応する x と y の商 $\frac{y}{x}$ の値は一定で，何と等しい？　比例定数

どう表す？

□ 変域は何を用いて表す？　不等号

□ x の変域が3より大きいこと

3

$3<x$

❄ ●はふくむ，○はふくまないことを表す。

□ x の変域が4以上8未満であること

$4 \leqq x < 8$

比例の式を求めよう。

□ y が x に比例し，$x=2$ のとき $y=6$ である。y を x の式で表すと？

➡ 比例定数を a とすると，$y=ax$ と表せる。$x=2$，$y=6$ を代入して，$6=a\times2$ より $a=3$　$y=3x$

座標について答えよう。

□ x 軸（横の数直線），y 軸（縦の数直線）をあわせて何という？　座標軸

□ 座標を表す（a，b）の a や b は何を表す？　a…x 座標　b…y 座標

□ 下の図の①，②，③を何という？

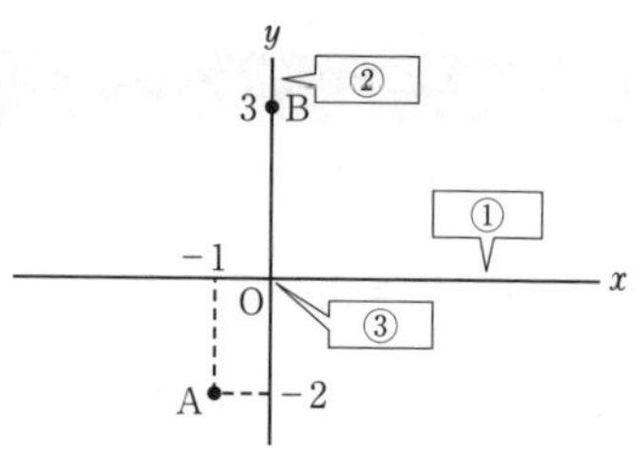

① x 軸　② y 軸　③原点

□ 上の図の点Aと点Bの座標は？

A（−1，−2）　B（0，3）

◎ 攻略のポイント

比例のグラフ

1 $y=ax$ のグラフは，原点を通る直線

2 $a>0$ のとき右上がりの直線

3 $a<0$ のとき右下がりの直線

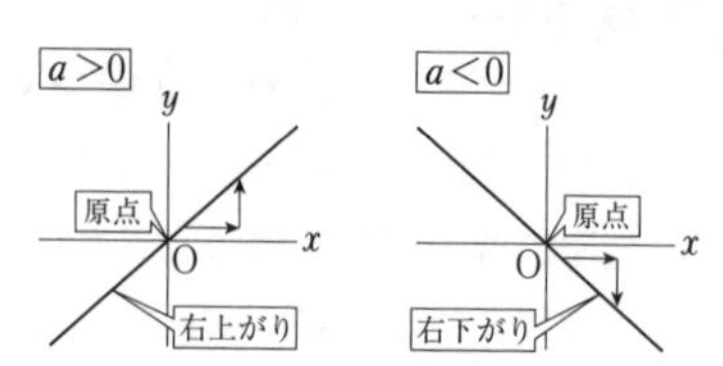

5章　比例と反比例

教科書 p.143~p.161

比例のグラフを求めよう。

□ $y=3x$ のグラフは右の図の①~③のどれ？

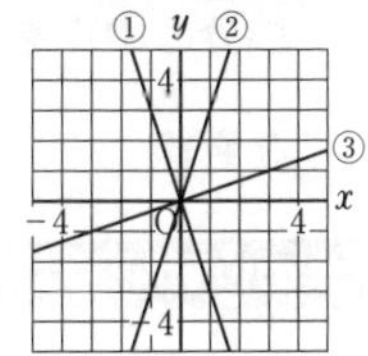

②

✽比例のグラフは，原点を通る直線である。$x=1$ のとき，$y=3$ だから，原点と (1, 3) を通る直線になる。

何という？

□ y が x の関数で，$y=\frac{a}{x}$ という式で表されるとき（a は0でない定数）

y は x に反比例する

□ 反比例の式 $y=\frac{a}{x}$ の定数 a のこと

比例定数

□ y が x に反比例するとき，対応する x と y の積 xy の値は一定で，何と等しい？

比例定数

□ なめらかな2つの曲線になる $y=\frac{a}{x}$（a は定数）のグラフ

双曲線

反比例の式を求めよう。

□ y が x に反比例し，$x=2$ のとき $y=6$ である。y を x の式で表すと？

➡比例定数を a とすると，$y=\frac{a}{x}$ と表せる。$x=2$, $y=6$ を代入して，$6=\frac{a}{2}$ より $a=12$

$y=\frac{12}{x}$

反比例のグラフをかこう。

□ $y=\frac{4}{x}$ のグラフを右の図にかくと？

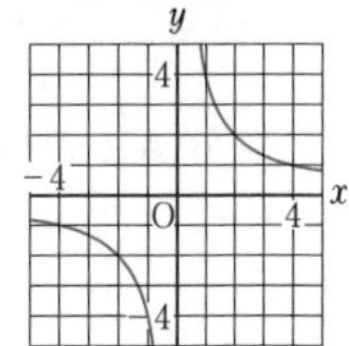

✽反比例のグラフは，双曲線になる。いくつかの点の座標をとって，なめらかな曲線で結ぶ。ここでは，(1, 4), (2, 2), (4, 1), (−1, −4), (−2, −2), (−4, −1) を通る曲線になる。

座標は，x 座標，y 座標の順に書くことに注意しよう！

◎攻略のポイント

反比例のグラフ

$y=\frac{a}{x}$ のグラフは，右上と左下，または右下と左上の部分にあり，限りなく x 軸，y 軸に近づくが，交わることはない。

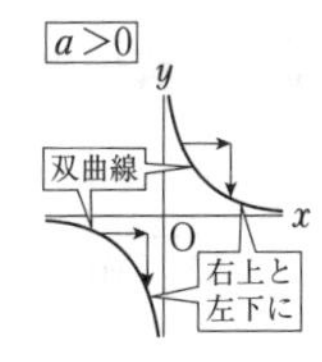

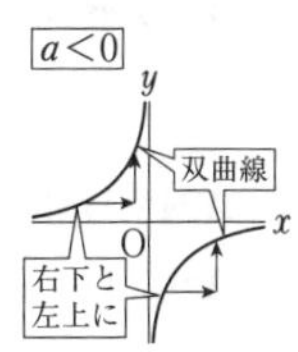

6章　平面図形

教科書 p.170~p.182

何という？

□ 直線ABの一部分で，点Aから点Bまでの部分　線分AB

□ 線分ABを点Bの方向に限りなくのばしたもの　半直線AB

□ 2直線が垂直であるとき，一方の直線から見た他方の直線のこと　垂線

□ 線分ABの長さ　（2点A，B間の）距離

□ 右の図の線分PQの長さ

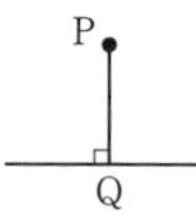

（点Pと直線ℓとの）距離

□ 右の図の①，②，③

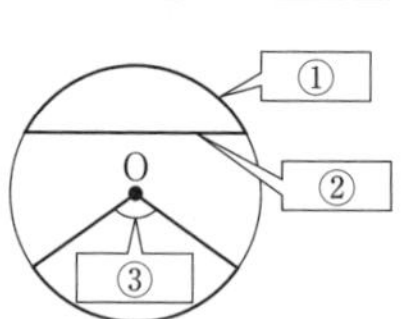

①弧　②弦　③中心角

□ 円と1点だけを共有する直線　（円の）接線

□ 線分を2等分する点　中点

□ 線分の中点を通り，その線分に垂直な直線　垂直二等分線

次の位置関係は？

□ 円の接線と接点を通る半径　垂直

どう作図する？

□ 線分ABの垂直二等分線

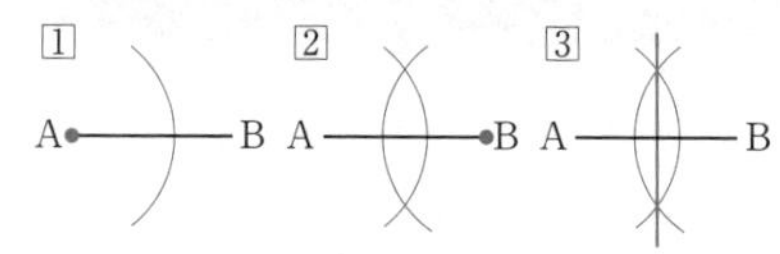

□ ∠AOBの二等分線

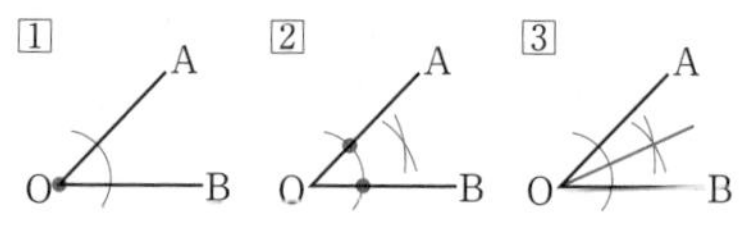

□ 直線ℓ上の点Pを通る垂線

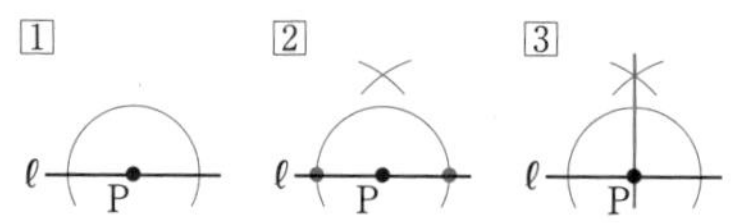

□ 直線ℓ上にない点Pを通る垂線

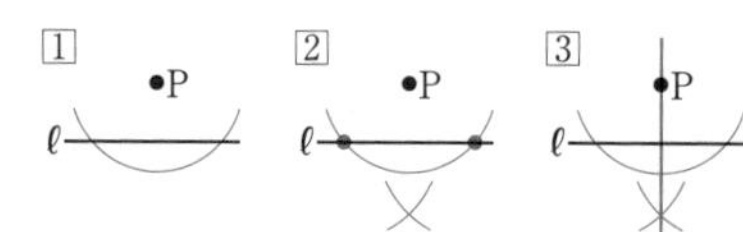

◎ 攻略のポイント

垂直二等分線

■ $AM=BM=\frac{1}{2}AB$

■ $AB\perp \ell$

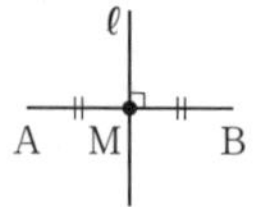

※ひし形の対角線が，もう1つの対角線の垂直二等分線になっていることをイメージしながら考えていくとよい。

6章　平面図形

教科書 p.177~p.198

次の問いに答えよう。

□ 線分の垂直二等分線上の点から線分の両端までの距離は等しい？ 等しい

□ 角の二等分線上の点から角の2辺までの距離は等しい？ 等しい

□ 円の弦の垂直二等分線は，円のどこを通る？ 中心

次の移動を何という？

□ 右の図のように，図形をある方向に，ある距離だけずらす移動 平行移動

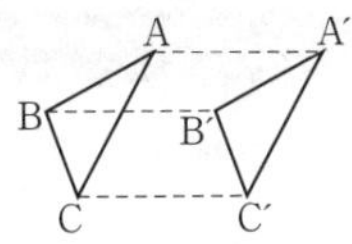

✽AA′＝BB′＝CC′
✽AA′//BB′//CC′ ←「//」は平行を表す。

□ 右の図のように，図形を，ある点Oを中心にして一定の角度だけ回す移動 回転移動

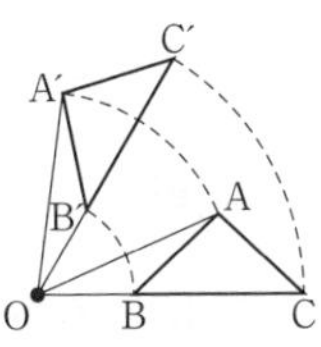

✽∠AOA′＝∠BOB′＝∠COC′
✽点Oを「回転の中心」という。

□ 右の図のように，図形を，ある直線 ℓ を折り目として折り返す移動 対称移動

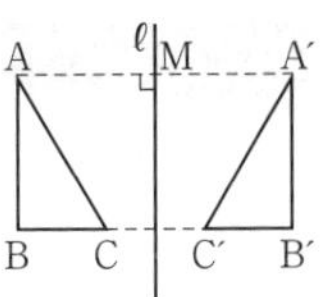

✽AM＝A′M　AA′⊥ℓ ←「⊥」は垂直を表す。
✽直線 ℓ を「対称の軸」という。

おうぎ形について答えよう。

□ 1つの円で，おうぎ形の弧の長さや面積は何の大きさに比例する？ 中心角

□ 半径 r，中心角 $a°$ のおうぎ形の弧の長さを ℓ，面積を S とすると，ℓ と S を求める式は？

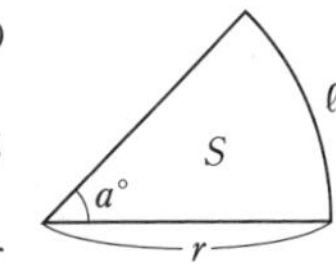

$\ell=2\pi r\times\frac{a}{360}$　$S=\pi r^2\times\frac{a}{360}$

✽円周率は「π」を使う。
「数字→π→アルファベット」の順に書く。
✽半径 r のおうぎ形の弧の長さや面積がわかっているときの中心角 $a°$ の求め方は，方程式にして求めるか，同じ半径の円の周の長さや面積の何倍かで考える。

◎ 攻略のポイント

作図の利用

■30°の角の作図 ➡ 正三角形をかいてから，ひとつの角（60°）の二等分線をひく。
■45°の角の作図 ➡ 垂線をかいてから，その角（90°）の二等分線をひく。
■円の接線の作図 ➡ 接点を通り，接点と円の中心を結ぶ直線の垂線をひく。

7章　空間図形

教科書 p.208~p.215

何という？

□ いくつかの平面だけで囲まれた立体

多面体

□ へこみのない多面体で，どの面も合同な正多角形であり，どの頂点にも同じ数だけ面が集まっているもの

正多面体

角柱や角錐の面の形は？

□ 角柱の底面と側面の形は？

底面…多角形　側面…長方形

□ 角錐の底面と側面の形は？

底面…多角形　側面…三角形

次の立体の名前は？

□ 底面が三角形である角柱　三角柱

□ 底面が正方形である角柱　正四角柱

□ 底面が四角形である角錐　四角錐

□ 底面が正三角形で，側面がすべて合同な二等辺三角形である角錐

正三角錐

□ 右の㋐や㋑のような立体

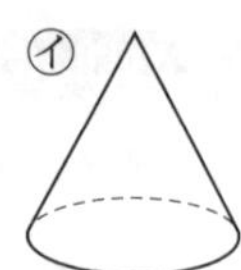

㋐円柱　㋑円錐

次の条件は？

□ 平面がただ1つに決まるための条件は1直線上にない点が何点わかればよい？　3点

どう表す？

□ 直線 ℓ と平面Pが垂直　$\ell \perp P$

□ 平面Pと平面Qが平行　P//Q

✽平行…「//」　垂直…「⊥」

次の位置関係は？

□ 同じ平面上にあって，交わらない2直線

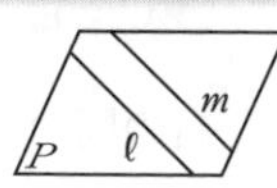

平行

□ 空間にある平行ではなく，交わらない2直線

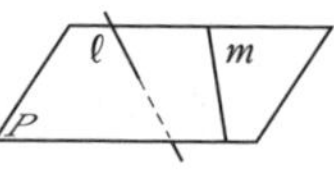

ねじれの位置

◎ 攻略のポイント

正多面体

正四面体，正六面体，正八面体，正十二面体，正二十面体の5種類がある。

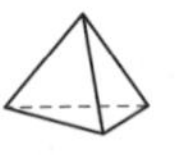
正四面体

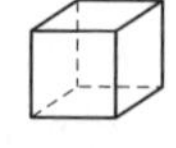
正六面体（立方体）

正八面体

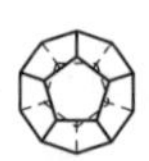
正十二面体

正二十面体

7章　空間図形

教科書 p.213~p.226

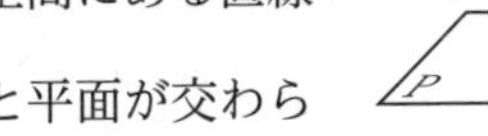

次の位置関係は？

□ 空間にある直線と平面が交わらないときの直線と平面　平行

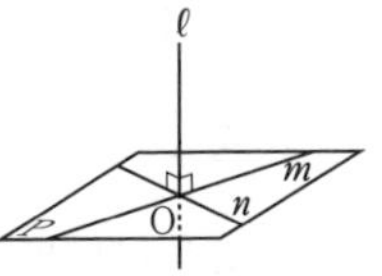

□ 平面Pと交わる直線ℓが，その交点Oを通る平面P上の2直線に垂直のとき，直線ℓと平面P　垂直

□ 空間にある交わらない2平面　平行

□ 角柱や円柱の2つの底面　平行

何という？

□ 右の図の線分AHの長さ

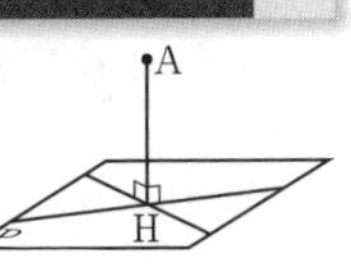

(点Aと平面Pとの) 距離

□ 平面図形をある直線のまわりに1回転させてできる立体　回転体

□ 円柱や円錐の側面をつくり出す線分　母線

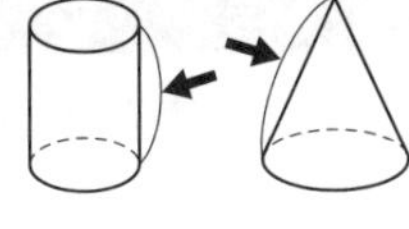

✿円柱では，母線の長さが高さになる。

□ 立体を，立面図と平面図で表した図　投影図

✿立体は見取図や展開図で表すこともある。

どんな立体？

□ 右の半円を，直線ℓを軸として1回転させてできる立体　球

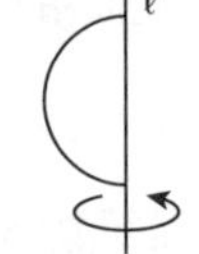

□ 右の投影図が表している立体　三角錐

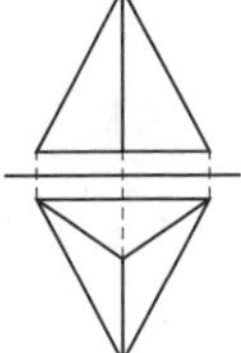

□ 右の投影図が表している立体　円柱

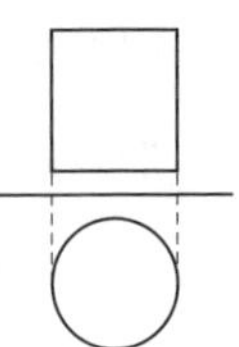

◎ 攻略のポイント

ねじれの位置の見つけ方

■平行でなく，しかも交わらない直線だから，まずは，平行な直線と交わる直線を調べるとよい。

(例)

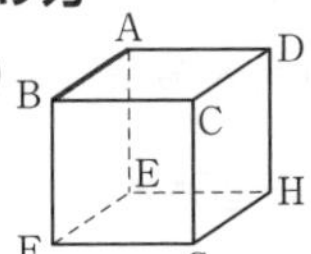

左の立方体で辺ABとねじれの位置にある辺は？

➡ 辺EH，FG，DH，CG

7章　空間図形

教科書 p.227~p.234

何という？

□ 立体の表面全体の面積　表面積

□ 立体の１つの底面の面積　底面積

□ 立体の側面全体の面積　側面積

三角柱の展開図で，次の面はどこ？

□ 側面積を求めるための面　㋑，㋒，㋓

	㋐	
㋑	㋒	㋓
	㋔	

□ 底面積を求めるための面　㋐（㋔）

次の問いに答えよう。

□ 円柱で，展開図の側面となる長方形の横の長さ（高さではない辺）は，円柱の底面のどの長さに等しい？　円周（周の長さ）

□ 円錐で，展開図の側面となるおうぎ形の弧の長さは，円錐の底面のどの長さに等しい？　円周（周の長さ）

✽円錐の展開図をかいて考える。

円錐について答えよう。

□ 右の円錐で，展開図の側面となるおうぎ形の中心角をa°とすると，$2\pi\times4=2\pi\times6\times\frac{a}{360}$と考えられるから，中心角は何度になる？　240°

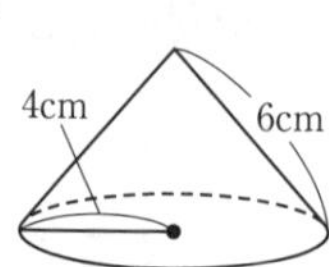

✽$360\times\frac{2\pi\times4}{2\pi\times6}=360\times\frac{2}{3}=240$

□ 上の円錐の側面積は，半径 6cm の円の面積の何倍になる？　$\frac{2}{3}$倍

立体の体積を求める公式は？

□ 角柱や円柱の底面積をS，高さをhとしたときの体積V　$V=Sh$

□ 角錐や円錐の底面積をS，高さをhとしたときの体積V　$V=\frac{1}{3}Sh$

✽錐体の体積は，柱体の体積の$\frac{1}{3}$である。

球の体積や表面積を求める公式は？

□ 半径rの球の体積V　$V=\frac{4}{3}\pi r^3$

□ 半径rの球の表面積S　$S=4\pi r^2$

◎ 攻略のポイント

体積と表面積

■角柱・円柱 ➡ 体積＝底面積 × 高さ　　表面積＝底面積×2＋側面積

■角錐・円錐 ➡ 体積＝$\frac{1}{3}$×底面積×高さ　　表面積＝底面積＋側面積

8章　データの分析

教科書
p.242~p.249

何という？

□ ヒストグラムの各長方形の上の辺の中点を順に結んだ折れ線グラフ

度数折れ線(度数分布多角形)

□ データのとる値のうち，最大値から最小値をひいた値　範囲(レンジ)

✻ (範囲)＝(最大値)－(最小値)

□ 平均値，中央値，最頻値のように，データ全体の特徴を代表する値

代表値

個々のデータの値の合計をデータの個数で割った値が平均値，データの値を小さい順に並べたときの中央の値が中央値，データの中で，最も多く出てくる値が最頻値だったね。

□ 度数分布表の階級の真ん中の値

階級値

□ 度数分布表で，度数が最も大きい階級の階級値が表す値　最頻値

次の問いに答えよう。

□ 下の度数分布表を完成させると？

時間(分)	階級値	度数(人)
以上　未満		
10～20	15	3
20～30	25	9
30～40	35	12
40～50	45	6
合計		30

□ 上の度数分布表からヒストグラムと度数折れ線をかくと？

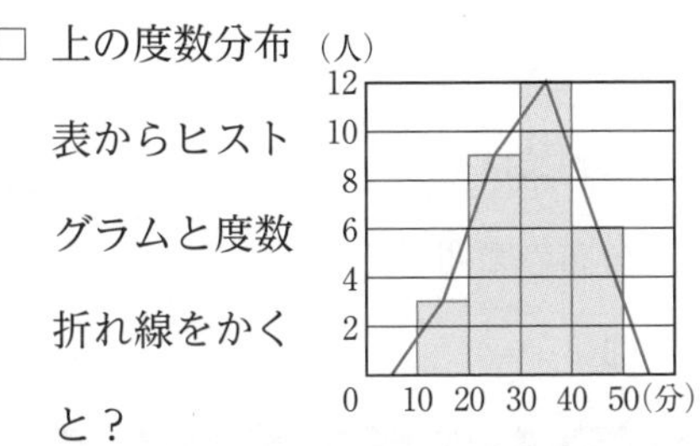

✻ ヒストグラムは，階級の幅を横，度数を縦とする長方形をすき間なく横に並べて，度数の分布のようすを表したグラフで，柱状グラフともいう。

□ 上の度数分布表で，最頻値を求めると？

35分

✻ 度数が最も大きい階級は，30分以上40分未満の階級だから，その階級値を求める。

◎ 攻略のポイント

度数分布表

階級…データを整理するために区切った区間。

度数…各階級に入るデータの個数。　**階級の幅**…階級の区間の幅。

度数分布表…データをいくつかの階級に区切って整理した表。

8章　データの分析

教科書 p.246~p.261

次のデータを見て答えよう。

通学時間(分)

7	10	14	14	14
15	15	20	25	26

□ データの合計は160分である。平均値は？

✿ 160÷10=16　　16分

□ 中央値は？

✿ $\frac{14+15}{2}=14.5$　　14.5分

□ 最頻値は？　　14分

□ 分布の範囲は？

✿ 26−7=19　　19分

何という？

□ それぞれの階級の度数の，全体に対する割合　　相対度数

✿ (相対度数) = $\frac{(階級の度数)}{(度数の合計)}$

□ 最も小さい階級から各階級までの度数の合計　　累積度数

□ 最も小さい階級から各階級までの相対度数の合計　　累積相対度数

次の問いに答えよう。

□ 下の表を完成させると？

時間(分)	度数(人)	相対度数
以上　未満		
10～20	3	0.10
20～30	9	0.30
30～40	12	0.40
40～50	6	0.20
合計	30	1.00

□ 上の度数分布表で，20分以上30分未満の階級の累積相対度数は？

✿ 0.10+0.30 = 0.40　　0.40

次の問いに答えよう。

□ あることがらの起こりやすさの程度を表す値　　確率

□ あるびんのふたを1000回投げたところ，480回上向きになった。このとき，ふたが上向きになる確率はどのくらいと考えられる？

✿ $\frac{480}{1000}=0.48$　　0.48

◎ 攻略のポイント

代表値の性質

データの中に，極端にかけ離れた値があるとき，次のような性質がある。

◆**平均値**や**範囲**はその影響を大きく受ける。

◆**中央値**はその影響をほとんど受けない。